OPEN是一種人本的寬厚。

OPEN是一種自由的開闊。

OPEN是一種平等的容納。

OPEN 1/24

世紀的展望

作　　者　亨利・福特
譯　　者　席玉蘋
責任編輯　湯皓全
美術設計　吳郁婷
出 版 者
印 刷 所　臺灣商務印書館股份有限公司
地址：臺北市 10036 重慶南路 1 段 37 號
電話：(02)23116118 ・ 23115538
傳眞：(02)23710274 ・ 23701091
讀者服務專線：080056196
郵政劃撥：0000165 — 1 號
E-mail：cptw@ms12.hinet.net
出版事業登記證：局版北市業字第 993 號

初版一刷　2001 年 1 月

定價新臺幣 320 元
ISBN　957-05-1689-5（平裝）／ 42270000

OPEN 1/24

Today and Tomorrow

世紀的展望

亨利·福特生產管理的前瞻觀點

亨利·福特
Henry Ford／著
席玉蘋／譯

臺灣商務印書館 發行

目次

發行者前言

一九八〇年，我初次接觸到「及時管理」（just-in-time，JIT）的理念以及豐田的生產制度，其後更搭上眾多日本研究小組的便車，有機會目睹它在豐田車廠中的實際應用情況。我在那裡拜會了大野耐一（Taiichi Ohno）先生，這套制度的創始人。我們研究小組的問題對著大野先生連珠炮般發射，當問及他的思維從何處得到啟發時，他只是大笑，說是完全習自亨利・福特的著作。

我花了數年工夫，才找到這本已絕版的著作。沒錯，我初閱時就發現，大家稱為「及時管理」的觀念，有許多正是出自亨利・福特生產過程的設計。早在一九二六年，他的工人僅需八十一小時就能將鐵礦石做成成品。想想看，只要三天九小時就能造出一部汽車！

回頭閱讀福特這些篇章，我不但看到了「及時管理」的基本原型，也看到了各式各樣的絕佳點子，亨利・福特曾經利用這些包羅廣泛的點子，讓福特公司成為全球最成功的企業。他談零缺點的生產，取消製造過程完成時的品質檢驗，堅信員工應該由他們製造出的東西中獲益。他將汽車售價壓低一半，將工人薪資由美金兩塊五加倍為五塊錢一天。

一面將自家產品的價格壓低一半，一面將工人薪資調漲一倍，這簡直不可思議。可是亨利・

福特深信，工人的生產力在他那套生產制度下可以超越過去一切期望，因而降低消費者的成本。他的夢想是藉由製造供應無缺的汽車來改善整個社會，誰要車都能得到。

他堅持工作環境要一塵不染；堅持企業領導人要以服務社群與大我的社會為念；堅持生產技術不是順其自然，而是持續不斷的改變、進步。他說重頭工業應該扶助供應廠商和服務業，以更短的時間製造出價格更低、品質更好的產品；企業主管不應坐鎮於辦公室，除了應該四處走動、了解屬下外，還要能夠親自下場操作。他強調工人應該接受訓練，要有提昇自己、提高產品品質的機會。

美國人為什麼背離了福特的教誨，是個令人不解的謎。也難怪日本人對他愛戴有加。儘管《世紀的展望》這本書著於一九二六年，可是其中的理念至今依舊合於時宜，而且閱讀起來充滿樂趣。我樂於讓這本書重見天日，為那些孜孜於改善生產、改善生活品質的人所用。

諾曼．博迪克　生產力公司總裁

亨利・福特生平

福特汽車公司的創辦人亨利・福特（Henry Ford），一八六三年七月三十日生於密西根州韋恩郡的一處農莊。他的父親威廉・福特原籍愛爾蘭柯克郡，是六個孩子中的長子，於一八四七年來到美國。

福特自幼就對機械流露出濃厚興趣，十二歲的時候，幾乎所有餘暇都待在一間自己裝設的小機房裡。他的第一部蒸氣引擎，就是十五歲時在這間小機房中組建而成的。

福特曾經進入底特律詹姆斯富勢爾兄弟公司（James F. Flower and Brothers）以及底特律的乾塢（Dry Dock）工廠當機械學徒。一八八二年出業後，在密西根南部的西屋電器待了一年，裝修蒸氣引擎。一八九一年，他以工程師身分進入愛迪生電氣公司，兩年後升任首席工程師。

一八八八年，福特與密西根州青田鎮韋恩郡的一位農家女克蕾拉・布萊恩（Clara Bryant）結褵。福特夫人於一九五〇年辭世，享年八十四歲。他們的獨子艾德索・布萊恩・福特（Edsel Bryant Ford），於一八九三年出世。

福特的汽車製造事業始於一八九三年冬季，當時他基於對內燃機的濃厚興趣，造出了一個單汽缸的小模型。在福特底特律家中的廚房木桌上，福特的第一座引擎初駛上路。這座引擎經過改良後，成為他第一輛汽車（基本上只是四個腳踏車輪加上外殼）的動力來源。世界上第一部福特車完成於一八九六年六月。

一八九九年，福特辭去愛迪生電氣公司的工作，與人合夥成立底特律汽車公司。他持有十三分之一的股票（一百股），擔任機械部主任一職。該公司於一年半後宣佈破產。

這段期間內，亨利・福特設計並建造了數種跑車，其中一部在一九〇一年於密西根州格羅斯點（Grosse Pointe）舉行的一場知名競賽中，擊敗了亞歷山大・溫頓（Alexander Winton）。另一種車型，即知名的999跑車，於一九〇四年元月十二日聖克萊爾湖（Lake Saint Clair）的嚴冬冰地裡，以三十九又五分之二秒的成績刷新世界的跑哩紀錄。

一九〇三年六月十六日，福特在他人協助下成立了福特汽車公司，十五萬美元的資本額中，只有兩萬八是以現金支付。該公司自製的第一部汽車於一九〇三年七月十五日賣出。亨利・福特擁有這家新公司百分之二五・五的股權。一九〇六年他成為總裁，開始入主掌權。一九一九年，福特夫婦和他們的獨子以一〇五、八二〇、八九四美元將所有小股東的股權悉數買下，成為該公司僅有的股權人。艾德索於一九一九年繼父親成為公司總裁，直到一九四三年去世為止。之後亨利・福特重掌經營權。

一九四五年九月，亨利・福特二度辭去總裁職位，推薦他的長孫亨利・福特二世繼任。董事會於焉成立。

亨利・福特和山繆爾・克羅勒（Samuel Crowther）合作，寫了《我的生活與工作》（*My Life and Work*, 1922）、《世紀的展望》（*Today and Tomorrow*, 1926），《勇往直前》（*Moving Forward*, 1930），描述福特汽車公司的發展，並且勾勒出他對工業及社會的理念。他也在同一位作者合作下，寫出《我所知道的愛迪生》（*Edison, As I Know Him*, 1930）一書。

一九四七年四月七日，亨利・福特於第爾本市費爾巷的寓所內去世，得年八十三。

第一章
我們誕生於機會之中

數百年來，大家總是高談缺乏機會云云，認為將既有的事物分割分配是勢在必行的要務。然而，每年我們都看到一些新點子萌芽、成形，帶來一連串的新契機，時至今日，我們已有夠多通過了考驗的點子，一旦付諸實行，它們能讓整個世界脫胎換骨，為每一位有工作意願的人提供生計而脫離貧窮。只是，某些陳腐的觀念橫阻在這些新點子面前。這個世界為自己套上枷鎖、蒙上眼罩，還奇怪自己為什麼跑不動！

茲舉某個點子為例。這個點子本身微不足道，任何人都可能想到，可是卻在我身上落實——製造堅固、簡單的小型汽車，而且製造成本要低，工資要高。一九〇八年十月一日，我們造出了第一輛福特現行機種的小車；一九二四年六月四日，第一千萬輛出廠；一九二六年的今天，我們正朝向一千三百萬部邁進。

這件事或許耐人尋味，不過並不重要。重要的是，我們從當初僱用寥寥數人的小工廠成長為二十萬餘勞工的大企業，而且所有工人的日薪絕不少於六元。另外，我們各地的經銷商和服務站僱用的人數也有二十萬。不過，我們所使用的原料絕非完全自製。大體而言，我們向外採購的物料是生產量的兩倍，若說有二十萬人為福特所雇而在外面的工廠為我們工作並不誇張。如此，我們直接、間接的雇工估計在六十萬人左右，這表示有三百萬左右的男女、孩童就靠這個付諸實行僅僅十八年的點子來維持生計。這還不包括或多或少協助這些汽車配銷或維修有功的眾多人數。而且，這個點子才處於萌芽階段。

我提出這些數字，絕無誇耀之意。我並不是單指某個人或某個企業；我指的是點子。這些數字顯示出：光是一個點子就能夠成就如許。這些人都需要衣食、鞋襪、住屋等物品，如果把他們和家人聚集一地，再讓供給他們所需的人環繞身邊，形成的城市面積應該比紐約還大。而這一切臻於成熟的時間，比等一個小孩長大成人還短。說沒有機會，不是胡言亂語是什麼！我們只是不知道機會是什麼。

世界上永遠有兩種人——一種是先鋒型人物，一種是步履蹣跚的學步者。蹣跚而行的人總是抨擊先鋒，說他們鯨吞了所有的機會，然而事實明顯不過，沒有那些先鋒開疆闢路，蹣跚學步的人連蹣跚的地方都沒有。

想想你在這個世上的工作。你的一席之地是自己掙來的還是別人替你鋪成的？你目前的工作是自己還是別人替你創造的？你可曾自創或自行找到機會，還是只會靠別人創造、找到的機會而蒙其餘蔭？

我們看到一種風氣正方興未艾——它不要機會，只求機會的完整成果呈現眼前、唾手可得。

這種風氣不是美國精神：它是由那些從來就看不到也無能利用機會的異邦和族群移植進來的——別人給他們什麼，他們就靠什麼存活。

事實上，一個世代以前，每千人才有一個機會，而今是每個人都有上千的機會。美國的改變僅是如此而已。

然而工業日益發展之後，機會受到了侷限。大家的眼光只朝向一條路，而且每個人都想擠進這同一條路徑。人多機會少，某些人被淘汰出局，自是理所當然。這是過去競爭如許激烈而無情的原因：沒有夠多的大好機會足以因應。

可是，隨著工商業日漸成熟，一個充滿機會的新世界豁然開展。想想看，工業每向前邁進一步，有多少扇創意之門會隨之開啟。在歷經各種激烈的競奪戰之後，結果是：一個人在握住自己的機會而成功之際，勢必會同時創造出數倍於他能夠把握的機會。

未認清過往的機會多麼缺乏就想了解工商業興盛的原因，幾乎是不可能的事。儘管某些工業似乎依然昂然前進，可是我們一想到它們，多半只憶起哪些企業曾經被擊倒而已。

不過，既有的事實足以顯示，工業在民眾需求的壓力下（這也是工業形成的唯一動力）而日益進化之際，有些人高瞻遠矚，有些人則目光短淺。有遠見的人當然會超越他人。有時候他們的手段或許有失道德，可是他們之所以成功並非拜不道德手段之賜，而是由於他們對需求的遠見，以及體現這些需求的方法與途徑。任何東西能夠在各種不實、殘酷的手段下存活，勢必要有莫大的正確遠見。將成功歸因於不守信實，是很普遍的謬見——我們都聽過「人太誠實不會成功」的說法。失敗的人想到這點或許會感到欣慰，但這絕不是他們失敗的原因。不誠實的人有時候確實會成功，但唯有在他們所提供的服務超越了他們的不誠實的情況下才會如此。誠實的人有時會失敗，這是因為他們欠缺了其他一些與誠實搭配的必要特質。我們可以這麼說，因不誠實而成功的案例中，所有沾染上不實的東西都已掉落。

不相信機會存在的人，依然能在別人創造的機會中得到立足之地；無法有效指引自己去工作的人，總能在他人的指引下工作。

不過，我們的腳步是不是太快了——不光是汽車製造上，一般生活上亦然？勞工被苦差事壓得透不過氣、所謂進步就是犧牲某人或某樣東西、效率使得生活中所有美好的事物岌岌可危……。我們常會聽到許多這樣的言論。

我們的生活確實失去了平衡——其實一向如此。大部分的人直到近來，從未有過可資利用的休閒時間，因而到現在也不知該如何利用。我們的一個重大疑問是：如何在工作和娛樂之間、睡眠與飲食之間求得平衡點，最後再去探究人為什麼會患病、死亡。這個題目稍後再談。

我們的腳步確實比從前快。或者說得更正確些，我們的腳步是被推得更快了。可是，二十分鐘的汽車車程比起在塵土飛揚的泥土路上跋涉四小時，生活是更容易還是更艱苦？哪一種旅行方式能讓朝聖者在到達目的地後更為神清氣爽？哪一種能夠為他們儲留更多的時間、更多的心靈精力？再過不久，過去得花好幾天的長途車程搭飛機一小時便可。到時候我們每個人難道都會神經崩潰不成？

話說回來，這種據說每個人都有的神經崩潰狀態在生活中是確實存在，還是唯有書中有？你在書上看過工人有神經耗弱這回事，但你可曾親耳聽到工人說過？

去找世上那些與現實為伍的人談談；搭電車上班的工人也好，一日之內飛越整塊大陸的年輕人也好，你會發現他們的態度大相逕庭。他們對於已經到來的並不畏縮，對於即將到來的更是殷切期盼。他們時時都願意省吃儉用，只要對明日有利。這是積極主動的人的福氣——他們不會孤零零地坐在圖書館，試圖把新世界塞回舊模子裡。去找個搭電車上班的工人談談；他會告訴你，才不過幾年前，他回到家總是又晚又累，吃過晚飯倒頭就睡，連衣服都沒時間換。現在他會在工廠裡換回便服，在天黑之前回到家，早早用過晚餐後還可以開車帶家人去兜風。他會告訴你，那種要人命的壓力已然減輕。一個人上班時間內或許得比從前更認真，可是昔日那種永無止境、令人筋疲力竭的壓力已經停息。

而那些位居要津、改變這一切的人，也會告訴你同樣的話。他們並沒有精神崩潰。他們順著進步的方向大步前行，發現和進步並肩前進要比想盡辦法拖住世界的腳步更為容易。

其中的奧秘就在這裡：那些感到頭痛的人試圖要拖慢世界的腳步，試圖再度將世界填塞進他們狹隘的定義之中。這是行不通的。

「效率」這個字眼之所以被人痛恨，是因為有許多非屬效率的東西假它之名而行。效率不過是以你所知的最佳方式工作，不要以最糟的方式為之。效率是將樹幹抬上卡車運上山，不必要你把它背上去。效率是訓練員工、給他力量，如此他就能賺更多的錢，擁有更多的東西，生活更為舒適。為一天幾分錢的工資長時間工作的中國苦力比不上有自己房子、汽車的美國勞工快樂。前者是奴隸，後者是自由身。

為了汲取更多的能源力量，福特組織的觸角不斷向外擴展。我們跨足煤田、溪流、河川，時時找尋廉價而便利的能源，以期轉換為電力、用於機械設備、增加勞工產能、提高勞工工資、降低民眾的買價。

我們之所以做出這一連串舉措，背後的因素不但繁多，而且還在不斷增長。我們務必要將能源、原料、時間的功能發揮到極致。這顯然已將我們拉離本業甚遠，舉例來說，福特已跨足鐵路、採礦、伐木、貨運。有時候我們投注數百萬的資金，只為了省下數小時的零星時間，然而事實上，我們所作所為莫不與本業，也就是汽車製造業有直接的關聯。

我們用以製造的能源可以產生另一種能源——將馬達的力量轉到了汽車裡，五十塊錢左右的原料轉換成了二十個裝上輪子的馬力。截至一九二五年十二月一日為止，我們透過汽車和曳引機，已為這個世界增加了三億的活動馬力，換個方式來說，大約是尼亞加拉大瀑布可能產生的馬力的九十七倍。整個地球只用掉兩千三百萬的固定馬力，而美國就佔了九百萬不只。

將所有這些額外發展出來的能源運用於美國，我們還不知該如何評估它的成果，不過我深信，美國令人刮目相看的繁榮泰半是拜這些額外的力量所賜。它不但讓人們活動自如，也解放、喚醒了他們的思想。

世界的進步和交通便利一向就是正比關係。我們以汽車重新打造了這個國家。不過，我們並不是因為先繁榮才擁有汽車，而是有了汽車之後才得以繁榮。各位應該記得，大家買車並不是一窩蜂地同時購買，而是慢慢地增加需求——事實上，我們始終無法跟上訂單的腳步，以福特目前每年兩百萬輛的產能，只能因應既有的車主——如果他們每人每六年換一部新車的話。

這是題外話。除了農作欠收的荒年外，美國普遍的繁榮和汽車數量是成正比的。這是在所難免，因為這股研發出來的力量如此龐鉅，當你將它挹注到全國，勢必會處處感受到它的效果。別的不說，汽車的功用除了它本身的功能外，還能夠讓一般大眾熟悉研發的力量的用途，讓大家明白能源是什麼，也讓大家從居住的地方脫繭而出、四處遨遊。在汽車發明之前，許多人從來沒踏出過家鄉的五十哩方圓之外，一輩子生於斯死於斯。這是美國的往日情景，而世界上許多地方於今依舊。蘇俄代表為他們的公有農場前來購買曳引機時，我們對他們說：「這樣不對；你們應該先買汽車，讓貴國人民習慣機械和馬力，也習慣某種程度的自由活動。有了汽車，道路就會隨之而來，如此農場的產品就可以運到城市去賣。」

他們從善如流，買了幾千部汽車回去。數年後的今天，他們又買去了幾千輛曳引機。

然而，這一切的重點並不是說我們能夠經由規劃與善用能源而造出又便宜又好的汽車或任何東西。這一點我們早已心知肚明。汽車之所以特別重要，原因已如上述，但更讓它舉足輕重的是：我們發現了推動工業的新動機，不再沿用「資本」、「勞工」、「大眾」這些毫無意義的名詞。

許多年來，我們常聽到「利潤動機」這個詞彙，意思是某個被稱為「資本家」的人提供工具和機器，以最低工資僱用人力（亦即勞工）製造商品後，賣給一個頗為奇怪的群體，即所謂的「公眾」。資本家盡量以最高價格將商品賣給公眾，利潤於焉落袋。在這種說法下，公眾顯然有如憑空出現，他們的錢也像天上掉下來似的，而且他們必須得到保護，以免受到唯利是圖的資本家之害。工人也需要保護，於是有人發明了「生計所需的工資」這個觀念。事實上，這一切都是對整個工業流程觀念完全錯誤所致。

誠然，「資本－勞工－公眾」這樣的錯誤觀念對微不足道的小企業來說或許行得通，可是大企業不行，而且依循企業榨乾員工理論行事的小企業，是不可能成長壯大的。向你買東西的公眾並非憑空出現，這是個明顯不過的事實；企業主、受雇員工、購買商品的公眾都是同一個群體，除非企業有能力維持高工資、低售價，否則有如自我毀滅，因為它限制了顧客的數目。

一家公司的員工理當是它最好的顧客。

福特公司真正的進步，要從一九一四年說起，當時我們將最低工資從每天的兩元多調高到一律五元。我們藉此增強了公司員工的購買力，他們又增強了別人的購買力，如此環環相扣，循環不已。美國繁榮的背後動力就是這種思維：藉由高工資、低售價，使得購買力擴而大之。

這就是福特公司的基本動機。我們稱之為「工資動機」。

當然，高工資不能任人予取予求。如果工資提高但製造成本並未降低，購買力並沒有增強。世界上沒有「生計所需的工資」這回事，因為除非你得到的報酬與你的工作相當，否則任何你賴以維生的工資都不算高。世上也不可能有「標準」工資。全世界沒有人懂得夠多，知道如何制定標準工資。標準工資這種觀念本身便已畫地自限，因為它的預設前提是：所有的發明和管理已經到達極限。

付一個人高薪做少量的工作，對這人的傷害莫此為甚，因為他的高工資會增加商品的價格，讓他瞠乎其後。另外，如果新發明使成本降低，如此而得的利潤或利益應該屬於員工，這話也不真確。這個想法是另一個關於工業流程的錯誤觀念所致。利潤基本上是屬於企業的，員工只是企業的一部份。如果所有的利潤都分給了員工，那麼種種如我們後面將要提及的改善措施，就不可能落實。價格會上揚，消費會減少，企業會慢慢被淘汰出局。利潤必須持續投注於降低成本上，成本減低而得的好處則必須大幅回饋給消費者。事實上，這無異於調高薪資。

這道理聽來複雜，不過我們實行起來卻相當簡單。

為了推動經濟、引進能源、阻遏浪費、完整落實工資動機，我們非成為大企業不可。不過，大企業不一定代表集權式企業。我們正在實施分權。

任何奠基於工資動機同時純以服務觀念為動力的企業，勢必會成長茁壯。它不可能成長到某個規模後就靜止不動——企業是不進則退的。當然，你可以在一夕之間靠著收購許多小企業而儼然成為大企業。結果你成為大企業沒錯，可是話說回來，那不過是一座企業博物館，表示你可以用金錢買到的多少稀奇古怪的東西。大企業倚靠的是服務的力量，不是金錢的力量。

大企業正好彰顯出美國民眾的營生之道。福特所有的事業雖然分成許多部份，但終歸要成長壯大。美國是個大國，有眾多人口、眾多需求，需要大量生產、大量供給。在美國，即使賣的是最微不足道的商品，也莫不屬於龐大事業。美國目前出產的單車數量甚至比單車風潮最盛時期還要多。企業必須壯大再壯大，否則就會發生供應不足、售價高昂的情況。

舉將近兩百年前麻賽諸塞州蘇德貝利的農民為例。有紀錄記載，當時「波士頓城的商人及居民為了降低民生必需品過於高昂的價格」，曾經舉行會議來通過一些抑價措施。當時二十元一磅的咖啡被視為合理，男人的鞋子一雙要賣二十元（其中沒有提到女鞋，或許大家認為女鞋可有可無）；棉布價格高昂，連買一斗鹽也要所費不貲。

這些物品當今與往昔的價格為什麼會有如許的變化？關鍵在於商業——也就是供給的機制。商業由小出發，成長茁壯，這其中毫無奧秘可言。如果某個社區需要水桶、鋤頭，而交通運輸不易，在當地取得自然比較容易——這些水桶不見得是最好的，但最容易到手。這代表了商業的重要元素之一：將貨品搬到需求者的附近。在早年，市集所在必定是物品製造的地方。大部分的東西均由本地出產，所有交易都圍繞著郵局繁衍。農具用品多由鐵匠製造，而廚房工業做不出來的纖維，則由編織業者包辦。每個城鎮幾乎都是自給自足的社區。

然而，所有這些服務不見得是最好的，也不一定最便宜。任何雜貨店老闆都會告訴你，所謂「農場奶油」毫無意義，完全要看農場女主人製作奶油的手藝如何。最好和最糟的奶油或許都是手工製作，而大體來說，現代乳製品的品質都比手工製的要好。因此，隨著國土擴張、社區之間的交換媒介愈來愈容易，尤其在運輸交通日益發展之後，品質較好的供應商自然而然取得了愈來愈廣的版圖。

如此這般，早期許多最好的企業都在東岸發跡茁壯，因為那裡是人口群集之地。工業踏入美國土地之後，供應基本原料（礦石與燃料）的地帶就成了它的大本營，而隨著民眾對大量食物供給的日趨重視，它們又在食品製造和食品消費人口之間佔了一席之地。這些大型服務組織的形成完全合乎自然，而且順理成章。它們是大眾創造出來的——萌生構想的或許只有笺笺少數，但將這種構想在全球生活中賦予重要地位的卻是大眾的支持。

現在，國家日益壯大，工商業亦然，而我們也學到許多。我們現在知道，做企業是種科學，而其他一切科學都是它的助力。我們身處於一個偉大的過渡年代，正由艱苦度日轉變為享受生命。關於我們學到的轉變之道與方法，將會在下面的章節中敘述——一段可謂艱辛的過程。

第二章
大企業有無止境？

如果員工有能力購買他所製造的東西，換句話說，如果工資動機得以完全體現的話，那麼企業的壯大勢不可免。

讓員工有能力購買他所製造的東西，這個觀念基本上是指貨品而言，而且當然有其例外——沒有人會指望勞工去買一架風琴、一艘汽艇，一棟摩天大樓；這些東西對身為勞工的人來說毫無用處。可是美食、華服、高品質住屋以及一些合理的享受，對他個人及家人來說都是有用的。

他不可能透過政治途徑或專門討價還價的機構（例如工會）得到這些東西，因為這些東西既非法律創造，也不是靠討價還價而來。說也奇怪，這一點似乎並未得到普遍認同。過去數年間，有許多國外的勞工領袖來看我，他們無一例外，總是大談政治；反觀來自國外的工業領袖，談政治時卻充滿戒心。他們的主要興趣（至少表面上如此），在於尋求方法、途徑以化解勞資雙方的歧異。當然，如果你以「勞資關係」來做思考，你的思維就會在某個圈子裡打轉，不過起碼這些人是透過生產的方式摸索出一條路來，至於勞工領袖，基本上像是只想要卡位和大放厥辭的機會。

有人教導大眾要害怕大企業。他們害怕，一方面是因為不了解大企業，一方面是基於對獨占的畏懼。另外，他們也害怕金錢勢力，並且把大企業和龐大金錢勢力混為一談。這樣的思維落於時代之後遠矣。這樣的思維屬於一百萬還是一大筆錢、大家都認定沒有人能夠老老實實賺到或花用一百萬的時代。第一個口出此言的人一定是個目光如豆的人，否則他該知道，老實賺錢要比不義之財更容易。我說了這許多，只有一個重點：大家想到企業（尤其是大企業）的時候，都將它視為金錢而非服務的表徵。

我們別忘了，今日既非昔日，也不是未來。這個世界永遠需要領導統御。昔日的領導統御是屬於軍事或政治上的；一個國家有領導就成功，沒有領導就失敗，不管政府屬於何種型態，全都無關緊要。無論是軍事或政治上的領導，皆無創意可言，而在過去，企業唯有在奪走別人創造的東西的時候，才會被稱為成功企業。然而，和過往爭辯無濟於事。不可諱言，昔日的領導方式正符於當時之所需，但是時代進步了，今天的政治與軍事領導對民眾所提供的服務無法做得像工業領導那麼好。世界各地的政治領導或許大半已達中上水準，如果未達平均標準，那是因為民眾已經習慣要求政治做到唯有工業才能做到的事。那些職業改革家不明白這個道理。他們以為政治可以做到唯有工業才能做到的事，因此不但提議管制價格，還提議管制這、管制那，理由是管制可以帶來繁榮。

以法律來制定對繁榮的渴望，這不但天經地義，而且理當如此，因為社會上普遍有種觀念，認為生命最大的詛咒就是為了謀生而工作。然而會思考的人都知道，工作是一個民族的救贖，無論是道德、生理，還是社會層面。工作不只是讓我們謀生而已，它賦予我們生命。然而不知為什麼，繁榮——每個人都同意，繁榮是好事——總是和高價格、高工資脫不了干係，而既然價格和工資顯然（雖然其實不然）可藉由法律提高，那麼某些法律自可取代工作。

而今每個人都該知道，真正繁榮的標記是價格的降低，而這也是讓繁榮成為常態而非曇花一現的唯一方式。

我們不妨來看看幾個基本原則。首先，我們到底為什麼會繁榮？繁榮既然能讓需求的供應源源不絕、輕易可得，民眾的需求既然正常而多樣，供給這些需求的途徑又如許之多，還有剩餘足以供應遠方一些供給來源尚未開發完全的地區，那麼更合於邏輯的問題應該是：我們為什麼不繁榮？即使是「艱難歲月」，我們也具備了繁榮的一切元素，所以疑問在於我們為什麼必須忍受「艱難歲月」？除非我們沒有好好管理自己的事務。繁榮的經濟基礎始終在眼前。

但人類要邁向繁榮，必須有人引導。一群暴民並無力量可言，只會帶來破壞。不是每個人都會自動變聰明；這必須有人教導。不是每個人都看得出只要在工作上用點腦筋，就可望脫離做牛做馬的日子；這必須有人教導。不是每個人都知道量入為出、節省原料（原料是神聖的，因為那是他人努力的成果）、節約至為寶貴的東西——時間；這必須有人教導。

工業必須有大將領軍而且要有高度紀律。大公司是工業領導無可避免的結果。

一家公司能夠成長到什麼地步？它的規模有無止境？而如果有，界線止於何處呢？大企業應不應該予以管制，以符合大眾的利益？它變成獨占的風險有多大？獨占需不需要受到限制呢？

我們不妨找一家以服務為重的企業，看看它的形成過程，這些問題多少就都有了解答。首先，一家公司的設計必須是為了提供某種服務。它必須跟著服務走，不是服務跟著公司走，因此工作的設計舉足輕重。這世界上任何事情要正確無誤，都必須跟著設計走，而花多少時間把事情做對都不算浪費，因為到頭來終會節省時間。看到這裡，有人或許會問：「我該設計些什麼呢？」你可以拿某樣大家已經知道的東西來做原型，想辦法做出比目前的供應品更好的設計。商品上你或許可以循這條路走，不過更好的方法或許是藉由你自身的需求來判斷大眾的需求。然後由你目前的立足點出發，讓大眾替你創造事業。唯有大眾才能造就一個企業。

如果我們今天有好的鋼鐵可用，是因為大眾在鋼鐵有瑕疵的時候願意購買，因此鋼鐵業者才得以更上層樓、改進生產。如果我們今天有便利的交通運輸，是因為大眾願意付錢忍受不便利的交通，好讓這套體系得以成長。如果我們今天有快速、耐用、可靠的汽車可開，是因為大眾在汽車大體還屬於實驗階段時願意購買它。如果我們今天有多種石化產品，是因為大眾購買、燃用「煤油」，而拜他們的信心與惠顧之賜，石油工業才得以邁向全球化的服務。

既然造就企業的是廣大的民眾，企業對大眾就負有最大的義務。為企業效力、與企業合作的人都是大眾的一部份，這就底定了企業的一個基本原則：進步而得的利益應該歸誰？

如果某家企業透過高效率以及眾所肯定的服務，降低了消費者的成本，它進步所得的利益就該歸於顧客。如果一件物品的製造成本比過去降低一塊錢，就從賣給顧客的售價中減除一塊錢。如此一來，有能力購買的人就更多；顧客增多，可造就更大的企業；更大的企業就更能降低成本，結果又招來更多的生意。

顯而易見地，無論這家工廠在經濟生產上的效率如何，如果它不與大眾分享規模經濟之利，就不可能導致這樣的成長。假設這省下的一塊錢被納入利潤中，賣給消費者的售價依然不變，營業額就不會改變。假設這省下的一塊錢被納入工資，營業額也不會改變。可是若將利潤與大眾分享，龐大的公眾利益會接踵而來，它對於生意有刺激作用，使得價格更降、生意更增，原本只能僱用數十人的工廠現在可以僱用數千人，於是工資增加，利潤也節節高升。只要以降低售價為起點，對大眾而言就是價值增加、工資增加、餘錢也增加。重要的是：這並不是因為將所有利潤都化為工資（有時候有人會做這樣的要求）而發生的。對只靠他賺錢養活一家五口的人來說，降低家人必需品的成本要比增加薪資卻不降低開支的利益更大。薪資增加是因為生意增加，而除非降低了大眾顧客的售價，生意是不可能增加的。

與其說勞工是賣方，不如說他們是買方。讓這個循環轉動的是買方的那一端。製造讓一般大眾輕易就能購買的東西可以創造工作、創造工資，也可創造盈餘，以供發展和更多服務之用。

這一切的重責大任都落在管理階層的肩上。任何制度下，勞工只管埋頭做事。廠裡運用的工作方式是不是最好，原料及員工的行為有沒有獲致最大的效果，他們鮮少聞問，甚或漠不關心，反正做一天和尚敲一天鐘。一天工作的差別在於生產價值的高低，而那是管理階層的職責。

假設某企業奉行服務大眾的政策，因而成長茁壯、欣欣向榮。但它並非自給自足，必須從外界購買原料。現在，它的供應受到了威脅；原料廠商由於管理不當，引起罷工而延誤了原料供應，或是貿然制定政策，將所有運輸費用不合理地轉嫁到賣價上，使得這個企業主無法以對彼此都合情合理的價格賣給顧客。也許他發現自己被非本業的勞工領袖玩弄於股掌之中，而供應他原料的廠商盡是些圖謀不當利潤之徒。保護顧客顯然是他的責任。顧客需要某種他們付得起的商品，如今受到威脅，眼看價格就要被逼漲到他們買不起的地步。

企業，也就是生產商，這時必須當機立斷。他要任由自己對顧客的服務受到無法控制的力量所限制呢，還是盡一己資源之所能自我供應？如果他決定服務的質與量都要由自己掌握，一如福特當初所做的決定，慢慢他就進入了原料生產之列（至少是足以自我保護的程度），接著繁衍出許多旁枝新幹，一如後面數章所敘述的福特歷程。而一旦掌握了第一種的原料來源，服務的考驗就隨之而來。因為無論使用何種原料，其中定然涉及利潤。煤炭有利潤，石灰石有利潤，礦石、鼓風爐有利潤，木材、運輸都有利潤，不勝枚舉。這個生產商要不要將這些利潤放入自己口袋，納入他將原料轉製為堪用物品的利潤上呢？如果他是個真正的生意人，他以服務為營運宗旨、只收取替換及擴展設備的合理盈餘，就會放棄所有多出的利潤，將它回饋給顧客。

過去大眾為他帶來得以擴張規模的利潤，現在他以穩定的供應、穩定的成本、更低的售價回饋給民眾。商品上層層的附加利潤於是減少了好幾層。

而一家企業的服務考驗，繫於它將利益轉嫁給消費者的程度。任何商品的利潤降低，無論在數量上還是金額上，對社群大眾而言都是立竿見影而普遍的利益。

這樣的企業對民眾來說是威脅還是好處？它對大眾一定有好處，否則它不會成長。它既然藉由服務大眾的方式成長，它的服務能力就是它規模的界限。這種服務能力可能受限於管理，也可能受限於交通運輸。大體而言，我們還沒有遇到任何管理上的困難，因為我們的管理並不僵化。我們的成長才剛開始，而每多添加一個事業單位，就由內部員工升任，接下管理之責。

企業規模的真正限制在於交通運輸。如果它必須將物品運送到極為偏遠之處，那就難以提供服務，規模也就受到侷限。而目前的運輸量已經過大了——先裝運到集散地再轉運到各消費點的無謂運輸太多了。

如果低售價、高工資是種威脅，那麼大型工業就是威脅。至於只賣股票卻不提供服務的公司，那是另一回事，我們稍後再談。

有人認為，大企業之所以危險，就是因為它太大。這些人相信，各行各業在自己的家園城鎮中自給自足的舊模式，才是正確的觀念。百年前這的確是正確觀念。每個小鎮的鞋匠都會製作鞋子，而且是好鞋；為鄉親製作篷車的也是當地的篷車匠。

然而說到工業的興盛，我們應該記住一點：儘管種種不同的新觀念蔚然成形，但是買東西的人就是付錢的人。若非大眾掏出錢來因應開支，曳引機、打穀機、汽車、火車頭、任何工業器具都不可能有所發展。

一個人必須壓倒別人才能出頭，這種老派的做生意觀念如今就算是身體力行的人也不以為然。美國企業觀念的基礎是經濟科學和社會良知，換句話說，它認為一切經濟活動都逃不出自然法則的掌握，而日常的商業活動對於他人福祉的影響是延續不斷的，其他的人類活動都無可比擬。我們無須要求公共的企業管制，因為民眾自己一向就在管制企業。

而對有見解、有智慧的人來說，企業獨占或是對某些商品壟斷似乎是不可能發生的事。一個無法忍受對茶葉徵稅的民族，會忍受生活必需品受到絕對專橫的控制嗎？一個解放黑奴的民族，會自甘變成奴隸嗎？製針工廠只要針的品質好，永遠可以製針；如果品質不好，自有別人接手。真正的控制者永遠是廣大的群眾。

企業無分大小，都要隨需求做出回應，而需求是由企業所提供的服務創造出來的。服務一旦中止，需求也戛然而止，而需求一旦中止，哪裡會有大企業？全世界的財富也阻止不了美國人自己和自己競爭——一個人把一樣事情做得很好，總會激發別人做得更好。

企業成長壯大，是拜大眾需求之賜，可是它永遠也大不過需求。需求是無從操控的，也是威逼不來的。除了對自己得到的服務做出回應的大眾外，世上別無超級霸權。唯一可能發生的獨占，一定是以提供最卓越的服務作為基礎。這樣的獨占有好處，而其他任何人為的獨占徒然是浪費金錢而已。

可是大公司的成長會不會扼殺了個人的進取心呢？年輕人應該何去何從呢？

而一個人受僱於人好，還是自己創業好？今天踏入創業之門的機會是前所未有的多，而受僱於人對任何人而言，都是可與私人創業相提並論的生涯抉擇。除非你對上面這兩項事實了然於胸，否則沒有資格提出這個問題。

人總是不斷變遷，從一行轉換到另一行。每個大企業當中都可能找到一些曾經自行創業又放棄的人，或許也找得到一些希望有朝一日不再受雇而自己當老闆的人。

放棄一己事業轉而受雇他人，原因不一而足。有些人發現自己無法承受壓力。他們適合從事服務，但不適合指引別人提供服務，甚至不懂得如何讓自己的服務隨時代變遷的需求而調整。他們因此願意受雇於人，在收入有保障、有閒暇培養其他興趣的情況下在別人指引下貢獻服務。

有些人願意受雇於人，是因為他們知道自己的力量可以在廣大的現代企業界中找到一條最寬廣、最誘人的出路。這條出路原本需要他們窮一生之力去搭建，如今發現別人已經建好而且近在眼前，亟需他們貢獻所長。

這就是現代企業吸引年輕人之處：他可以從進入某個組織做為起步，這個組織當初篳路藍縷的實驗階段已然結束，現在有能力做它計劃要做的事，甚或做更偉大的事，因為它累積的豐富經驗會讓它朝更大、更成功的實驗邁進。

在私人企業中，你進入的是競爭的氛圍；大公司中，你進入的是合作的氛圍。一個現代大企業會進步，是因為它將許多人的思維和精力整合為一。這種合作關係的基礎不是情感認同或個人偏好，而是有待體現的共同志業。

另外，想要晉升高位、獲得能力，受僱於人要比私人企業的機會更多，因為大企業中有更多的職位可升，報酬也較高。美國人的薪資普遍高於利潤。有些人認為企業會對員工的進步眼紅，這種觀念已經落伍了。唯有培養、發揮員工的才幹、能力，才能帶著企業往前走，企業也才能存活。企業之所以存活，是拜它員工的活力與腦力之賜。每一家大企業都比眾多小企業需要更多、更好的人才。正因為它有更大的需求，所以有更多的機會。

福特已經發展到人才不敷所需的地步。促使這個事實發生的，正是它的大規模。如果人才多機會少，就會產生非常激烈，甚至不近人情的競爭。不過，如果以為這是當今企業現實與企業成功的必然定律，那就大謬不然了。我們已經從相信競爭會減少生意的情境進步到知道競爭可以增進生意的情境，這是因為過去的機會稀少，而現在處處是機會。

以服務為基礎的大企業自會調節它的規模與行為。不過，如果它的基礎是金錢而非服務，那就另當別論了。

第三章
大企業和金錢勢力

商業——生活中唯物的一面——，目前正受到兩種人的威脅。這兩種人自認為互相對立，其實有志一同。他們是：財務專家和職業改革家。

這兩種人專事商業的破壞。這是他們的共同點，不過手法不盡相同，動機也互異。不過如果任其為所欲為，任何一種人都能將商業毀於旦夕。

如果是真正了解金錢管理，並且深諳金錢在生活中扮演重要角色的財務專家，我毫無異議。如果是對自己作為了然於胸、深知他所期待的改革會帶來何種影響、願意給他改革對象一個機會的改革家，我也無話可說。

可是那些只為融資而融資、只求從中圖利不顧大眾福祉的財務專家，那就截然不同了。同樣的，只為改革而改革、為滿足一己私慾而改革、不以大眾真正福祉為念的職業改革家，也是完全另一碼事。

這兩種人才是真正的威脅。財務專家毀了德國。職業改革家毀了蘇俄。這兩種人功力孰高孰低，你自己決定。

而這兩種人，無論是單打獨鬥還是透過政客，目前已掌控了歐洲，都該為歐洲的貧窮負責。國際聯盟和它的週邊組織，例如國際法庭，皆落於他們的股掌之中，民眾在他們所設計的制度下毫無機會可言。他們尤其反對任何能夠創造大眾福祉的工業理論。

在目前，這些異國人民只要在各種宣言、條款中分一杯羹於願已足，不過所有地方的人很快就會像美國人已經學會的，對財務專家和職業改革家的夸夸之言充耳不聞。

他們會遵循真正的經濟原則而進步，會明白真正的商業和金錢勢力並無關聯，會知道打擊商業以獲取金錢勢力只是任由財務專家玩弄於股掌之間。

金錢是商業的血脈，如果你能掌控金錢，就能掌控商業，這種積非成是的觀念聽起來幾可亂真，因為我們必須以金錢單位來表達根本不是金錢的東西。

舉福特各種事業為例。為了會計和稅務目的，這些事業必須依照眾所認同的程序模式，以金錢單位來表達價值。因此，福特工業照理說值一大筆錢，而且這些數字都被印成白紙黑字，於是十人當中有九個認為，我們的資產包含這麼一大筆金額，其實根本沒有。我們有的是自己的發電廠、鼓風爐、車床、鑽油設備、煤礦、鐵礦這類的東西。我們有生產汽車和曳引機的硬體設備，也有若干可資運用的原料。所有這些設備的價值高低端視管理技巧而定，而這是我們素來關心的重點。誰敢說一堆工具的價值相當於一個孜孜工作的木匠？

舉例來說，某個地方的實際存貨計有四座鼓風爐、五十部壓縮機、一套輸送帶系統、十來個玻璃冷卻爐、一堆煤炭、升降機、卡車、幾棟建築、鐵、木材、砂土。可是你不會看到這些存貨以事物來表示；它們絕對會被換算成金錢單位。事實上這地方並沒有金錢，真正的金錢，有的只是鼓風爐、機械、鍋爐、卡車、升降機、原料、建築物。可是這些東西彌足珍貴。它們的本質要比金錢貨幣還要值錢。換句話說，把一棟建築物堆滿鈔票，比起把同樣的建築物裝滿機械、充滿人員技術的組織來，可資運用於生產的能力是大相逕庭的。

然而在稅務報表上，所有這些機械的產能都以「多少錢」記錄下來，而且據此為基礎要求它必須生產「多少錢」。在這種以金錢表達資產的課稅法下，被毀掉的企業何止一家。

以金錢來衡量東西而不以實質事物來評價，會產生許多副作用，上述只是其一。我們必須學會窮思維之極，才能看到財務和商業之間的重大分野。美國是個屬於大企業的國度，可是一如我先前所說，大企業什麼都無法掌控，它完全受大眾需求的擺佈。令人訝異的是，有能力辨識工業與財務分際的人似乎屈指可數。

在過去勞工工會運動如火如荼開展的暴亂時期，雇主總是被稱為資本家。可是根本的問題是：雇主並非資本家，反而得仰資本家的鼻息。當時大部分企業用以營運的資本都是借來的，金主因此獲得了莫大的工業控制權。生產廠商夾在桀傲不馴的勞工和貪得無饜的資本家中間寸步難行，什麼也做不成。他上有利息、紅利的壓力，下又面對工人加薪、減工的要求，提供服務的機會少之又少，還得被冠上資本家的大帽子，時時忍受各種侮辱。

可是現在有了改變。商業雖然並沒有完全拒絕財務界所提供的服務，但它表明了要擺脫財務界的牽制。如果財務存在是為了服務工業——這本是它的正確功能——，才能被視為是造福人類的工具。

二十五年前，我們常聽到大企業的種種。二十五年前其實並無大企業可言，有的只是方興未艾的金錢購併案。金錢不是企業，大筆金錢也難以造就大企業。那些有錢人眼見工業時代即將來臨，就利用匯集的資本去抓緊它、控制它。一時之間，他們的豐功偉業傳遍了整個美國。金錢掮客很少是好的生意人，而投機客也沒有能力創造價值，不過「金錢」掠奪了一切、「金錢」控制了一切的想法，就此遠播海內外。

我們不妨回想二十五年前，然後屈指數數現今存在但當時連影子都沒有的大企業，就會知道：若說我們目前居於一種超級壟斷的情境下，實在是一種錯得離譜的假設。當初大筆金錢並不能促成這些大企業，現在大筆金錢也控制不了它。

數百年來，某些世代相傳的團體深具遠見，操控了全球大半的金礦。他們雖非擁有全部，但也足以呼風喚雨，尤其在歐洲，這些人曾經利用一己勢力掀起戰爭或促進和平。他們的勢力並非來自金子，因為金子本身並無力量；他們之所以權大勢大，是因為掌握了大眾對於金子的觀念。被金子所役並不構成威脅，被那些關於金子的觀念所役才是威脅。同樣的道理，所謂金錢霸權並不存在——金錢並沒有用來控制人類，而是一群金錢掮客控制了金錢，而在過去某一時期，這無異於以金錢控制人類。不過時至今天，拜真正的工商業興起之賜，金錢正慢慢退讓到它應有的位置——它本是輪軸中的小齒，並非輪軸本身。

當今的美國勞工和創業者——那些憑著雙手或腦力，以深具生產力的方式服務社會的人——並沒有被金錢托拉斯所掌控。

這並不是說金錢和利潤對企業而言沒有必要。企業必須有利潤才能運轉（這一點會在下一章中討論），否則就會滅亡。可是，任何人若是只想追求利潤、完全不以造福人群為念，這個企業也會滅亡，因為它已失去了生存的理由。

利潤動機雖然常被視為務實而聰明，事實上它一點也不務實，因為一如前面所解釋的，它的目的在於增加消費者的買價、降低工資，因此市場不斷縮小，終至扼殺了自己。外國的問題大多就出在這裡。

他們的企業多半被所謂的財務專家所掌控，真正負責營運的人在管理方面少有置喙的餘地。企業並不指望勞工買得起自己製造的東西，同時又受到職業改革家的愚弄——那些人說，增加工資、減少工時是唯一的解困之道。工人和財務專家想要的東西不謀而合——都想不勞而獲，於是財務專家和職業改革家在不知不覺中聯手摧毀了本是服務工具的企業。這就是為什麼我們老是聽到外國大談外銷的必要。為良好的管理付出高工資，可以導致消費價格降低，然而他們本國市場的構造並非如此。他們的工人只能消費寥寥幾項生活必需品而已。

其實不必如此。我們已經藉由福特工業證明，無論世界什麼地方，都大可不必如此——這點我稍後會提到。我相信，美國福特工業的工人擁有的汽車比美國之外的全世界總量還多。這並非出於偶然，也不是因為美國自然資源豐富。幾乎任何地方都可以造出大量的能源。大不列頗有豐富的煤礦和一些水資源。歐陸國家有的產煤，有的擁有水資源，有的兩者兼具。只要打掉財務專家堆砌而成的藩籬，這些國家都會有大量的原料可用。不過原料的重要性今非昔比。我們每天都在學習如何增強原料的力量以減少原料的用量。總有一天，鋼、鐵不再以噸重計算，而是以強度為計算基礎。這是我們最重要的研發成就之一，而我們還學到，許多已經用過的原料也可以回收再利用。不過這也是另一章的範疇。

歐洲認為沒有外銷就無以為繼，是因為職業改革家由下而上、財務專家由上而下共同榨乾了民眾的消費力，工業不得不尋求海外市場——剝削完自己的同胞後，轉而剝削他國。其實國與國之間輕易就可以做到健康的貿易關係，不必要惡性競爭——那種會引發戰端的競爭。如果國內市場確立（這是全球任何國家都做得到的），外銷貿易就成為自然而健康的貨品交換——某國需要的由有餘的他國供應。當前全球市場的競爭，主要都是因為剝削自家的民眾所致。

因此，將企業和金錢勢力混為一談顯然是把本質互相對立的因子硬湊在一起。一個企業不可能既滿足大眾又滿足金錢勢力。事實上，金錢勢力藉以生存的手段，始終是操控或毀滅企業甚於服務企業。不過有跡象顯示，這種現象可能已有改善。

投注於企業的金錢若是被當作資產的抵押來看，那是死的錢。如果工業的營運完全要看這種「死」錢許不許可來決定，製造錢財以償付給金主就成了它的主要目的，服務大眾勢必會淪為次要。因此，如果產品品質有可能讓它償不了債，品質就會偷工減料；如果全套服務危及了償付功能，服務也會變得七零八扣。這樣的金錢並不是為企業服務反而是驅使企業為它服務。

投注於工業、不願冒任何風險、無論企業是賺是賠都要拿回自己那份的錢，並不是活的錢。它不把自己當成企業的一分子，也不會將全副心力放在企業上；它是個沉沉重擔，企業越早擺脫它越好。死的錢不是夥伴，是閒置的負債。

活的錢則是加入企業一起努力，和企業共枯共榮。它是被拿來運用的。任何損失，它都會共同分擔。這種錢用到最後一分一毫都是資產，絕對不是負債。

企業中活的錢通常伴隨著投資人的積極努力。死的錢則是吸血機器。

企業要為大眾服務，這個原則在美國已經深耕厚植，將來更會四處散播，重新打造整個世界。提醒大眾必須汲取教訓的第一個暗示並不是那場戰爭，而是一種看似不可能、有如戰前景象重演的情境。如果没有人逼大家看清楚，那場戰爭只是沉痾的一種徵狀，他們會認為那只是出於意外或錯誤。如今老伎倆已然失效，古老智慧被證明是愚蠢，舊有的激勵方式也不再奏效。如果喪失某種錯誤觀念而找到嶄新學習過程的入口算是進步，那麼我們可以說，這個世界已有進步。它的舊有原則被經驗給否定了。進步的標記並非我們所跨入的某條明確界線，而是一種態度、一種氛圍。所有的虛假不會在某時某刻一齊消逝，所有的真象也不會同時顯現。

有些人終於明白，而更多人感覺到：企業不只是金錢——金錢僅是一種商品，不是能力。

任何企業一旦開始借錢融資，無異於宣告關閉。籌措利潤之外的資金以因應擴張之需有時確有必要（雖然永遠有危險），有時突發意外也需要額外的現金，不過這和為融資而融資截然不同——後者是利用企業、透過融資而非透過服務去賺錢。

任何企業的危險關卡並不是它需錢孔急的時候，而是在它變得成功，能夠獲得融資的時候——它會成為一大堆股票、債券的基礎。民眾是很容易上當的，要佔他們便宜輕而易舉。例如，加拿大福特汽車公司的一些股票正在市場上流通，大約四八五美元就可以買到一股。有些投機客買下幾股之後，以每一股為底自己發行了一百張他們名為「銀行家股票」的債券，每張面額十元。換句話說，他們以四八五美元買到手，再以一千元賣出。怪的是民眾紛紛落入陷阱，爭相掏出兩塊錢去買原本一塊錢就可以買到的東西！這說明了一個成功企業要淪為融資工具有多麼容易。

因此，一家企業最嚴苛的考驗就發生在它用處變得最廣之際。那些金錢勢力會為你指出一條發行大量股票之路，指出這種利潤只要用紙製造不必真正生產，指出把有價值的東西摻水輕易就能大發利市。許多人在「這就是做生意」的錯覺下，屈從於這種誘惑。這根本不是做生意，純粹是慢性自殺。你不妨想想，當今哪個正在營運的大企業是金錢勢力刻意創造、培養出來的？所有的大企業都是由低處開始，由於滿足了某種需求而成長，如果它受到金錢勢力的青睞，那也是在到達成長之後。而一個企業既然能夠把自己帶到吸引財團矚目的地步，想必也能靠自己繼續站穩腳步，不靠借貸融資。

另一個會讓企業粉身碎骨的大石頭，是債務。借貸今天儼然已成一門行業——誘人入債的行業。債務的好處幾乎已成了一種哲學；許多人，即使不是多數人，要不是迫於債台高築的壓力，否則根本不思振作。這或許是真的，可是即便如此，這些人也不是自由人，不是出於自主的動機而工作。仰賴債務而工作的動機基本上是種奴隸的動機。

企業入債之後，它的忠誠就呈現分裂狀態。四處尋覓獵物的財團金主，無論是要讓一家企業關門還是為自己著想而保住它，總是會以誘之入債的手法做為開端，一旦引君入甕之後，這家企業就得伺候兩個主人：民眾和投機的金主。它得縮減一方的服務以伺候另一方，民眾因此受損，因為債務讓企業沒有選擇，無法忠於義務。

如果始終靠自己的收益營運，企業就得以保持自由身，免於金主的擅權跋扈。如果企業存在是為了將利潤輸送給無心於它、而且永遠都不會盡心於它的人，那是站錯了基石。企業的服務應該完全獻給群眾，企業的利潤首先要歸於企業本身以成為造福人群的工具，其次才歸於貢獻勢力與精力、使企業得以延續長久的群眾。這些都是大家已經非常清楚，甚至已成為商家座右銘的事實。

可是無論是企業或金主，都沒有權力逼迫民眾買這買那。翻看金主插手商務的紀錄，真是慘不忍睹。如果真如那些提出警告的人所言，金錢的威力無遠弗屆，美國早就像歐洲一樣，遍地衣衫襤褸的佃農了。

幸好美國的企業一直受它的服務所掌控，日後也會繼續如此。金錢控制不了小麥、煤礦和其他的生活必需品。它怎麼可能控制呢？這些東西又不是它創造出來的。目前開採的煤量，美國人再怎麼用也只能用去一半。才不多久前，小麥在市場上有如毒藥。金錢勢力並未擁有美國的煤礦，農場、農夫也不屬它所有。金錢勢力照它一貫的伎倆，會先讓煤炭奇貨可居，可是本地的煤量豐富。金錢也想讓小麥缺貨；可惜世界上的小麥堆得滿坑滿谷。

話說回來，你大可出門就買一輛汽車回家，不見得出門買得到一噸煤炭回來；可是就需求的比例而言，煤炭的供應量應該要大於汽車的供應。這和金錢勢力無關，是方法是否有智慧、做生意是否有制度的問題。

企業的正途是跟著財富走，打一開始就盡心服務那些對它有信心的人，也就是廣大的群眾。如果生產成本有節餘，就要回饋給群眾。如果利潤增加，就以更低的售價和群眾分享。如果商品可以有所改進，就該克服萬難製造出來，因為無論成本多高，率先提供資金的是群眾。這才是優良企業應該行駛的航道，而且是一本萬利的好生意，因為企業最好的夥伴，莫過於與服務結盟、與群眾合夥。這遠比和金錢勢力結盟來得安全、持久，而且利潤更高。

無論是什麼企業，如果不想受金錢宰制，最好的防禦就是一套堅固、完善，能夠提供健全服務給廣大群眾的企業制度。

當今不講信實的企業眾人往往耳熟能詳，不過這不是因為不誠實的企業比往昔多，而是因為它們過時久矣。美國商業史上的不誠實，例如早期競爭的不道德手段，肇始於機會的欠缺。雖說不誠實的企業從來就沒有存在的理由，不過曾有一段時期，至少我們可以理解它為什麼存在。但時至今日，我們就無從理解了。大騙局始於機會稀有的時代，今天這種行徑已經過時了，因為你有無限的機會可以誠實。

有人以為工業組織服務大眾會干擾到它的獲利能力，其實不然。將正確的原則植入我們的經濟生活並不會減抑財富，反而會增加它。這整個世界貧窮得很不應該，因為它只顧推著一個滾輪——「拿取」的滾輪——蹣跚而行，不曾切實把握真正的服務法則而增加收益。

建築商總會希望建造東西，麵包師傅希望烤麵包，生產者希望生產，鐵路希望承載貨物，工人希望工作，商人希望賣出東西，家庭主婦希望買東西。那為什麼有時候所有這些動作都停了下來？只因為在萬事順遂之際，某些人就會說：

「這是大撈一筆的好時機。大家開始想買我們賣的東西，所以正是漲價的好機會；他們正在買的興頭上，一定會願意多付錢。」

這是犯罪，就跟發戰爭財的罪行沒有兩樣。可是這種行為是源於無知。工商界有些人對繁榮的必要法則無知之至，因此把商業復甦的時機看做投機時期，將「有得拿就拿」奉為至高的商業智慧。

不過，已有夠多的人知道，討價還價、巧取豪奪並不是工商業——巧取豪奪無異於殺戮——，他們變成了自己的主人。如果每個人都能領悟到利潤是賺得而非奪取而來，我們不會再有金錢勢力或任何勢力的困擾。我們可以讓繁榮持續不輟，遍及整個宇宙。

第四章
追求利潤錯了嗎？

去年一年，福特事業直接付出的工資在兩億五千萬美元之譜，對外採購相當於另外五億元的薪資，而各服務站和經銷商付出的薪資也在兩億五千萬上下。因此，福特公司去年一年就創造了大約十億元的薪資財富。

從第一部汽車開始，我們大約每二十年就可造出一百萬輛汽車——福特的第一百萬輛車於一九一五年十二月十日出廠，第五百萬輛於一九二一年五月二十八日出廠，而自一九二四年六月四日第一千萬輛出廠之後，福特工廠每年的產能都超過了兩百萬輛。

一九二二年，我們的對外採購是自製的三倍，現在只有兩倍。我們將基本工資從一天五元提高為一天六元，然而福特汽車的售價比起一九一四年來還低了四成——當時我們的平均工資是一天兩塊四。幾乎所有貨品的價格都在平穩上揚，汽車的售價卻在平穩下降。遊覽車（譯註：一種早期無篷汽車，可供五人乘坐，流行於二十世紀二十年代）現在大概一磅兩毛錢就可以買到——這種精細非常、材質上等、至為費工的機器，一磅的價錢比牛排還要便宜。

福特事業的利潤，除了一筆相對而言微不足道的數目外，全都回注到工業去了。群眾購買我們的產品，塑造了我們的工業。群眾贊助我們的方式並不是透過股票或債券，而是購買我們製造、公開出售的產品。我們賣給群眾的售價一向都高於製造成本——雖然價格常常降到看不到利潤的地步，因此為了賺取利潤，不得不想盡辦法降低成本。

我們每年都有利潤，而每年這些利潤幾乎都盡數回注到企業中，以增設能夠讓成本更降、工資更漲的設施。這些回頭挹注到企業的利潤並不是投資在建物、土地和機械上。我們並不把這些回頭挹注於企業的錢視為是應該收取利息的投資。這些錢是群眾的錢，而群眾既然對我們的產品有信心、肯掏錢交給我們，就應該為這股信心得到報償。錢是群眾自己的，我們沒有權利收取利息。

然而，利潤有好壞之分。利潤可能用得愚蠢，無端就被套牢。果真如此，這就是扼殺財源，利潤會化為烏有。收取過高利潤的企業就跟賠本經營的企業一樣，很快就會消逝無蹤。

無論企業製造的商品用途多廣，如果它是賠本經營，生產就會中止。再好的產品或服務品質也彌補不了賠售的經濟謬誤。利潤是企業存續的必要條件。生意愈做愈大，生產成本會按比例降低。門可羅雀的商店比門庭若市的商家難維持。多做生意、讓民眾以付得起的價錢輕易買到所需，是所有企業經營者的職責。重振國家的信心與精神可以和降低售價同時並進，因為降低售價和降低成本屬於同一陣線。漲價有如向群眾收取一筆比國稅還高的稅負。好的經營管理會以優渥薪資、降低售價、振興業務的方式付出紅利，而將全國亟思振興的氛圍視為投機的機會，則是非常糟糕的管理，只會加重企業的精神負擔。

這個道理應該不言而喻。沒有一個迅速致富的人能夠長久保有財富。只為了致富而投身商界，徒然是白費力氣。以擴張個人財富為唯一目標的企業確實存在，但一個企業之所以存在光是為了讓某人、某個家族致富，那麼目的即使達到也無足輕重，而且它的基礎不會穩固。它往往會在貪婪之心的驅使下讓品質七折八扣，在服務上偷工減料，而這種對民眾強制收費的手段會讓它在尚未助長任何人的財富之前就煙消雲散。

一個組織必定要有利潤，才能滿足那些投資但並不插手經營的人的需求。這些人只收紅利，永遠缺席。但是將利潤分給他們只會削弱而不會強化企業，同時會讓外界的怠惰風氣更加盛行。當然，某些閒散行徑是情有可原的。放眼整個美國，數百萬的孩童都在上學；拜成人辛勤工作之賜，他們才可能有閒暇、受教育。老年人和病弱者亦然。可是有些人怠惰得沒有道理，而且得靠其他辛勤工作的成人支撐。

企業應該付錢給每個與它相關的人、每個被它利用的元素。企業應該付錢給管理智囊、生產能力、為它效力的勞工，也應該付錢給群眾——因為他們的惠顧，才能支持它於不墜。一個無法為產品買賣雙方創造利潤的企業，並不是好的企業。如果一個人買了東西卻不如把錢放在口袋裡，其中一定有差錯。買主和賣方必須因為交易的結果而雙雙增加某種財富，否則就壞了平衡；若是任由這些裂縫日積月累，久而久之世界就會傾覆。所有不公正也無利潤的企業交易都具有反社會的本質，這一點我們還有得學。

企業本身是個有組織的實體，它從事於生產或服務，需要一點利潤或盈餘來維持生命力，以免泉枯源竭。這種盈餘一方面為了避免它在不尋常的壓力下彈盡援絕，同時也讓它得以擴張。成長是生命之所需，而成長是需要盈餘的。

這句話是針對企業而發，並非針對企業的擁有者或掌舵者。這位掌舵者和其他工人殊無二致，也是從企業成本中領取薪水。利潤是屬於企業的，一方面是為了保衛企業以完成它造福人群的任務，一方面是為了讓它有自然成長的機會。因此，企業實體才是首要的考量，因為它賦予生產者工作機會，也將實用商品或亟需的服務帶給民眾。

利潤只能以合理的汰舊換新和必要的擴張來衡量，這是服務原則的必要條件。這些都是企業的限制——雖說很有彈性，畢竟是限制。有時候我們會聽到反對擴張的言論，好像擴張是潛在的危機似的。但若是為了利於服務而擴張，事實上卻正好相反，原因一如前一章所述。我們該怕的唯有不成長的企業，因為它並不提供服務。

茲舉福特企業為例。我們是如何運用利潤，如何處置群眾的錢呢？我們掌舵的方向是什麼呢？

自從一九二一到二二年，《我的生活與工作》（*My Life and Work*）一書寫就之後，福特汽車和曳引機的產能增加了一倍不只。今天，幾乎沒有一個零件是沿用當時所用的方法或是完全一樣的原料。我們一步一步地，追溯到基本的貨源。我們從事的是汽車工業，並不願涉足其他行業；我們的所作所為若有所得，全都回頭挹注到汽車上。連同加拿大福特汽車公司在內，我們現在共有八十八個廠，其中美國有六十個，二十八個在國外。任何一個工廠都無法生產一部完整的汽車。美國廠當中有二十四家是純製造工廠，三十六家是裝配廠或者從事半製造、半裝配。

我們國外主要的製造廠在愛爾蘭的科克郡（Cork），以及英國的曼徹斯特。其他相關事業眾多，而且遍及全球各地。

我們目前涉足的行業，無一不是因為製造汽車衍生而來：飛機、採煤、生產焦炭和副產品、採鉛、鐵礦、鑄造、製鋼、工具製作、機械製造、小客車、卡車、拖車、生產玻璃、人造皮革、銅線、紡織、電池、發電機、紙張、水泥、汽車車身、儀錶規、電力、過濾水、麵粉、電影、醫院、農耕、畜牧、無線電、印刷、攝影、鍛鍊廠、種植亞麻、蒸氣渦輪、電動火車頭、伐木、鋸木廠、汽車零件、燒窯、蒸餾木頭、水力發電、雜貨店、鞋店、衣飾店、屠宰場、鐵路、教育、海上運輸、湖泊運輸、曳引機和汽車。

如此洋洋灑灑、在在需要生產製造和配銷的業務活動，一一都已完全落實，這是因為群眾發現我們的產品很有用，而我們所作所為無一不是為了群眾和靠工資維生的工人著想。我們從來不為建造而建造，任何東西都不是為了購買而購買，也不曾為製造而製造。我們所有的營運都是以汽車製造為中心。

我們會調查市場，定出自認為合理的價格要供應廠商賣給我們，如果供應商不願配合，我們就自己製造。很多情形下，我們已經掌握了基本貨源，也有一些情形是製造的量剛好足以讓我們完全熟悉生產過程，以備緊急情況下有能力自製。也有一些情況，我們只是為了試探目前付的價格是否合理而自製。配銷方面的原則也是一樣。為了計算運輸成本，我們有行走湖泊的船隻，有海上航行的船隻，有自己的鐵路。凡此種種都對群眾有利，因為除了鐵路是獨立公司之外，每項新增的業務分枝都會和主要企業合而為一，因此而得的節餘終歸是群眾的利益。

例如，目前我們雖然無意投入輪胎業，但還是自製橡膠輪胎。橡膠的價格有可能飆漲得離譜，而我們必須有所準備，無論如何不能因為輪胎缺貨而使生產線停擺。

福特向外採購是以成本價而非市價計算，我們相信這麼做也是一項服務——不這麼想就不會這麼做。我們自行製造時，會自己設定任務目標，例如有時候先斷然設定價格，而每每也能依照這個價格製出產品。如果我們一味地接受既有的一切，永遠不會有進步。我們完全依照供應廠商的過程製作，而他們都因此發了財，屢試不爽。

舉個具體例證來說。在這個採購政策尚未完全底定前，有家廠商為我們製造某一型的汽車車身，以某單價賣給我們。這家工廠並沒有量產，因此利潤微薄。我們算了算，這些車身應該能以該單價的一半製造出來，於是要求他減價一半。這是他頭一回面對要求降價的壓力，而且理所當然地認為，他不可能做得比現在更好。他的利潤告訴他，這是不可能的；這是商界的怪現象之一，一個人會把他過去的作為拿來當做未來能做什麼不能做什麼的證明。過去其實只是可資學習的借鏡。

那人終於答應試試，以原價的一半生產。這是他生平第一次開始學怎麼做生意。他不得不提高薪資，因為他非僱用一流的好手不可。迫於需要，他發現這裡、那裡、到處都能省下成本，最後他以低價賣出賺的錢竟然比高價更多，而且手下的工人也拿到了較高的薪資。

我們常聽人說，由於競爭之故，工資必須降低，可是競爭從來不曾因為降低了薪資而得到解決。減薪並不能降低成本，反而會增加成本。降低產品成本的不二法門，是為一流的人力資源付出高薪，並且藉由管理，保證他們會為你全心效力。像那家車身工廠的例子我們已有豐富的經驗，我們相信，福特的政策和民眾的服務是站在同一邊的。

到目前為止，我們最重要的基本研發不外乎使用更多的能源——煤炭、水力都有，而隨著福特森（Fordson）發電廠的完工，我們即將擁有一個生產五十萬匹馬力的事業單位（這個發電廠蓋在胭脂河（River Rouge）上，過去以該河而命名）。福特所有的營運都從能源的供應出發。當前其他的一些發展成果還包括煤礦、鐵礦、伐木場，為了轉換原料及廢料而擴充的福特森發電廠，建造於第爾本的實驗室，接收林肯汽車公司，擴展湖泊、海洋、陸地、空中運輸的版圖，在美國及世界各地設立新廠，躋身於玻璃、水泥、亞麻、人造皮革等多項化學合成品的製造。不過事實可以證明，我們跨足其他行業都是迫於需要——雖然副產品眾多，只有兩種賣給外界，其他一律歸入生產行列。例如，我們拿礦渣來製造水泥，可是生產的水泥連自己的建築都不夠用。那兩種有部分賣給外界的產品是硫酸銨（很容易以肥料大量賣出）和苯。苯在我們的汽車運輸方面用量頗大，可是自己用不完，因此當作汽車燃料賣一些給外界。外界對苯的需求遠大於我們的供應，所以銷售完全不成問題。目前有八十八個服務站販售福特出產的苯，而苯在飛機方面也用途廣泛。我們大湖區的船舶有幾個月在回程時會裝載煤炭出售，不過這只是為了降低運輸成本的附帶之舉。

有些擴充則是應急措施。例如玻璃製造。汽車演變很快，目前已從無頂的夏日行車變成適合全年出遊的密閉交通工具，可是很少人知道，這使得美國的玻璃製造業多麼吃緊。整個美國出產的玻璃片，福特就用去了四分之一。

可是玻璃還是愈來愈少，所以我們主動出擊，買下匹兹堡鄰近格拉斯米爾（Glassmere）、素有生產一流玻璃製品之譽的亞力福尼（Allegheny）玻璃公司。三年前我們買下的時候，該廠每年生產六百萬平方呎的玻璃，其中有三成不合汽車使用。我們只加裝了幾部新機器，多半依舊利用原來機器、原班人馬，現在卻能出產八百萬平方呎玻璃，而且不合使用的不到一成。最主要的改變，在於我們實施了一天六元的最低工資。

為了避免對製造過程產生任何干擾，我們在這家工廠沿用舊法製造玻璃片，和後來胭脂河廠研發出來的新法（於下一章中說明）正好成對比。如果你對照這兩種方法，就會知道：所有的生產事業都可以掌握經濟原則，只要你打破傳統的決心夠強。

先讓混合泥漿在陶土盆裡融化，每一個陶盆可以倒出三百平方呎、一吋半厚的毛坯。一個熔爐可以裝十六個這樣的陶盆。準備將玻璃液倒出時，要先以起重吊鉤將陶盆從熔爐中取出帶到鑄造桌上，才能將裡頭的液體倒出，捲成適當的厚度。接著讓毛坯徐冷，讓它冷卻到不燙手的溫度再處理。下一步是研磨、刨光。

這個步驟在旋轉的平台上進行：一片片的玻璃以灰泥在上頭固定好，直到表面完全被玻璃所覆蓋，接著把整個平台送到研磨機裡。利用七種不同的研磨劑（從粗砂到細密的金剛砂）研磨完畢後，將平台上的研磨劑沖洗乾淨送到刨光台，用刨光台上幾個巨大的旋轉毛製砧板抹上亮光漆將液體鐵丹注入台子中央，毛布砧板會將它均勻分散。接著將玻璃翻個面，送回研磨機以同樣過程處理一遍。每個步驟都非常緩慢，也非常浪費。

在福特眾多工業當中，供玻璃在裡頭融化的陶盆是唯一古法製造的東西。它完全依靠人手、人腳製作。黏土首先由工人赤足踏踩，直到成分均勻且所有泥沙雜質被淘出為止，接著以手製盆，一層層地往上加土，直到所有的氣孔都被封住為止——任何小瑕疵都可能導致陶盆在爐裡破裂。能夠將玻璃用陶盆製作得跟手工製一樣好的機器，目前還沒有發明。而福特設計的新製法中完全不包含這樣的手工——我們不用陶盆。

為了讓格拉斯米爾工廠的設備完整，我們也在十八哩外的卡柏（Cabot）買下一個矽土場。這裡有四十個工人，每天開採、碾碎、裝運出八到十車的矽砂。我們僱用的是先前曾在這家矽土場打零工的同一批人，可是在一天六塊錢的工資和穩定的工作下，這些人有如脫胎換骨。他們幾乎都是非技術勞工——這是我們的刻意安排，任何工作幾乎都不需要技術。可是他們並非不知上進。他們盡責、努力、願意投資，不少人已經搬離過去居住的棚子，蓋起真正的家。而根據報告，新工作方法下的勞工效能大約是舊法下的兩倍。我們的生產成本確實低，因為幾乎一切工作都由機械代勞。

先用一堆鑿石機鑿出許多地洞，洞裡填滿炸藥，炸開大量的砂石。將砂石挖上來後，用蒸氣鏟土機放入小小的鐵車內，再以裝有鐵輪的牽引車送到碾壓廠。為了得到玻璃製造所需的純質，砂石在這裡必須經過反覆的碾壓、篩選、掏洗，最後利用重力作用經過管子送到小鐵車裡，載到格拉斯米爾的工廠。

還有一點要提的是：這個矽土場很乾淨，碾壓廠也很乾淨。這是我們絕不寬貸的規矩：所有的運作必須乾乾淨淨地執行，如果某些機器會產生灰塵，例如碾壓機，就必須密閉不外漏，並且隨時備有去除灰塵的器具。讓工人接觸灰塵是不對的，把附近環境蒙上一層灰，使得樹木、植物遭受破壞也不應該。

為了自主供應鐵礦石，也為了節省運輸，我們在鐵山（Iron Mountain）北邊八十英里的密西根姆（Michigamme）買下帝國礦場（Imperial Mine），作為我們伐木事業的中心。這個礦場已有十年不曾從事生產，不過我們認為它是個好礦場，而且位置正好在我們的運輸線上，所以不會因無謂的載運而產生浪費。這是福特頭一次踏入採鐵業，不過我們依循往例，找一個充分了解福特工作方法和政策的人主事，讓大家馬首是瞻。

第一件事是清理環境——想弄清楚你在做什麼，這永遠是第一要務。這地方廢棄已久，不但髒亂而且雜草叢生。傳統上，所有的礦場都是髒兮兮的。可是塵土飛揚的代價太昂貴了，我們負擔不起。接著我們邊做邊學，開始去了解採礦過程。

礦工應該工資優厚，工作、生活環境應該舒適安全，福特應該得到低成本礦石的充分供應，這都是基本要件。而我們做到了。

這個礦區看來有如一個鄉間名勝地——每樣東西都上了漆，而且一概被漆上淺色，任何丁點的灰塵都無所遁形。我們上漆並不是為了掩飾灰塵——我們塗上白色或淺灰的油漆，是刻意讓乾淨成為準則而非特例。當初的住宿條件很差，所以雖然我們不願插手建築，但迫於情況不得不然——為煤礦、伐木場建造住屋也是出於同樣情境。我們蓋了一棟單身宿舍，一人一間房，然後為已婚的工人買了活動住屋，之後以小屋取代。公司以一個月十二塊錢的租金租給他們，電費也包括在內——整個礦場和住宿區都有電力照明。唯一的學校設在穀倉；我們蓋了一所很好的學校和一家一流商店，裡面所有東西都以成本價出售。

當然，我們也比照福特的一般標準發放工資。這使得附近最好的礦工都被吸引了來，申請人數永遠比工作機會多上好幾倍，雖然我們最多只能僱用兩百二十五人。工人工作八小時、不加班，勞工流動少之又少。我們確實有能力供應穩定的工作，而工人也確實努力工作。

關於採鐵業，我們並不是裝懂——我們跨入這行未久，並不了解能力所及，不過這一行可以利用機械的地方似乎遠多於目前一般利用的程度。不過我們還是慢慢來，因為我們希望挖礦作業要儘可能保障礦工的安全。在地底工作的採礦作業，再怎麼説都是險惡的差事，所以我們的第一要務是確保一切安全。事實上它的確安全；我們的意外紀錄真的很低。

礦坑和營區的每個角落隨時保持絕對的紀律。礦坑分三層，每一層相距兩百呎。為免危及工人，礦石爆炸作業被安排在兩輪各八小時的班次之後，接著再以電動鐵道系統輸運出去。不同礦層的礦石藉著壓縮空氣的力量從小推車中倒入滑槽，通往礦坑底部中央的一個坑洞，然後以纜線拉住這些「吊車」(larry car)，順著礦坑坡道牽運到地面。更深層的礦石則由一種起重設備拖吊出來。

礦坑的檢查組長時不時會來測試每一條礦道的牆壁和坑頂。這裡成立了一個高度警覺的安全小組，整個營區也通力合作，隨時保持環境安全。在處理爆裂物時，一定遵守嚴格的防範措施。礦工帽上的安全燈是靠電力發光的，在爆裂物儲存室的二十五英呎內一定要拿掉。

礦道內到處有抽水設備，將少量的滲水清除出去，另外還有一套蒸氣啟動的暖氣系統幫忙，使通道保持乾燥、溫暖。礦工要穿特製的防護衣、橡膠靴。下工後，每個人都得在公司沖澡間洗個身，將身上整套衣物換下。礦坑內穿的衣物就趁他們下班的時候加熱、烘乾。採礦作業一年到頭不斷，礦石以鐵路運到馬吉特（Marquette），準備以福特的湖泊運輸船送到福特森工廠。寒冬時節海上航行封閉，礦石就儲存在礦井的入口，處理過程一概由特殊機械代勞——福特連一頭驢、一匹馬都沒有。

目前我們每年生產的礦石約在十萬噸左右，而且成本甚低——比任何工資低於我們的礦場都低。除了這個礦場外，我們也將附近其他的礦石產業接過來做。

這就是我們運用群眾金錢的過程——下面數章我還會繼續鋪陳。這些錢當初都是以利潤的名義交給福特的。追求利潤錯了嗎？

第五章
這是做不到的

大家依然堅持使用能源和機器尚未問世之前的方法做事，這種堅強韌性是工商業一個令人吃驚的事實。我們唯一應該在乎的傳統是努力工作的傳統，其他所有被稱為傳統的東西最好都叫做實驗。

在去蕪存菁的過程中，頭一批應該去除的糟粕是一些觀念，例如：既然人力便宜，就不必使用人為研發的能源。勞力不是商品。我前面強調過，一家公司的員工是它最好的顧客，除非充分體認到這一點，否則要將工資動機的原則應用出來，簡直有如癡人說夢。我們不應該認為工人願意接受多少工資就只值多少錢，不應該認為製造廠商可以根據運輸的限度來調整工資和售價——換句話說，盡量付最低工資給勞工，盡可能以最高價格賣給客戶，只要他們承受得住。企業不應該搖擺不定。它應該在領導統御下闊步向前。

有些人似乎難以理解這個道理。隨波逐流很容易，接受現況很容易，如果因此而大撈一筆，更容易自以為是、自詡聰明。可是，這既非服務之道，也不是正常的做生意之道，甚至不是賺錢之道。當然，一個墨守成規的企業有可能因為運氣好而賺到幾百萬，就像賭徒有時候也會贏大錢一樣。可是真正的做生意不是賭博。真正的企業要創造自己的顧客。

福特的態度是：我們有責任研發工作的最佳方法，同時必須將生產中所採用的一切流程視為純實驗。如果我們達到了某種看似了不起的生產境界，即使比起以往好得太多，那也只是生產階段之一，沒別的。它沒有、也不可能有其他意義。從既有的改變中我們領悟到：更大的改變還會到來，因此目前正在進行的任何作業，都尚未臻於它應有的境地。

我們並非為了改變而改變，不過一旦證明新法比舊法要好，我們定會勇於改變。我們視為己任的，是剷除進步之途中的所有路障，而所謂進步，就是在工資、售價方面提供更好的服務。

要脫離傳統並不容易。因此我們所有的新作業向來是由過去對該課題毫無經驗的人主導，如此他們就沒有機會說出「不可能」這類大家耳熟能詳的詞彙。如果輔導確有必要，我們會延請技術專家來指導，可是沒有一項作業是交由技師主導的，因為他已經知道太多做不到的事情。要是有人說：「這是做不到的」，我們一概回以「去做就是」。

就拿玻璃製造來說吧。上一章我們描述了格拉斯米爾工廠採用的方法。基本上，這些方法和數百年前的古法沒有兩樣。製造玻璃是一門深具傳統的古老行業，而這些傳統以一種可供玻璃混和液在裡頭融化的陶盆為核心。我們前面說過，這種陶盆一定要以手工製作——工人先以赤足將陶土踏勻、搓揉後，再以手捏製而成。當然，機器也插上一角，例如將這些陶盆從熔爐中來回運送、輸送帶處理作業，研磨、刨光也以機器取代了古老手工，不過過程本身基本上並無改變。過去以手製造的，現在都盡可能以機械代勞。

可是從來没有人徹底研究過這整個作業流程，認清它真正的基本原理何在。簡單的做法是一律以機器取代手工，不過這樣並不能充分發揮能源的價值。比較難的做法，則是心存整個流程理所當然都可以機器化、人只負責看管機器的念頭，從零開始研發出另一套方法。這是工業上機器觀念和手工觀念的對照。

在我們看來，福特應該有能力以一貫作業的方式來製造玻璃片，完全不用手工。但全世界的玻璃專家說，他們什麼法子都試過，就是無法做到。於是我們把這個任務交給一些從未在玻璃工廠待過的人，開始在高地園廠區進行實驗。他們不但碰上所有當初便已預期到的困難，還遭遇到許多始料未及的麻煩，不過最後終於有了成果。高地園的小廠目前每年生產兩百五十萬平方呎，而我們一知道有能力製造一流品質的玻璃片後就搭建的胭脂河大廠，目前產量是一千兩百萬平方呎。胭脂河大廠佔據格拉斯米爾廠一半的用地，而雖然產量幾近一倍，僱用人手卻只有格拉斯米爾廠的三分之一。雖然我們擴充的廠房依然不敷所需，不過和必須全數向外購買的情況相比，每年從自製玻璃中已省下三百萬元。

新的製造過程是這樣的。先將一批原料在巨大的熔爐中融化。每個熔爐可裝四百零八噸的融化玻璃，其中的溫度維持在華氏兩千五百度的高熱熔點，和兩千三百度的精煉溫度，每十五分鐘就加入砂石、蘇打灰等化學物質。玻璃液源源不斷地流注到一個緩緩旋轉的鐵製圓筒中，通過一個可以塑成適當厚度的滾輪後被壓成平面。接著玻璃由鐵製圓筒進入一個四百四十二呎長、以一分鐘五十英吋的速率搖動的徐冷窯，在逐漸下降的溫度中徐冷。

徐冷窯的構造是最棘手的問題之一，也是其他程序成敗之所繫。若不是我們對輸送帶和精確的機器製作有豐富的經驗，建造出這樣的徐冷窯是不可能的。要支撐住一片四百四十二呎長的活動玻璃，讓它從滾輪中華氏一千四百度的高溫冷卻到不燙手、能夠處理的程度，這是個非凡成就。輸送帶的移動必須絕對均勻，處理玻璃的滾輪動作必須絕對平穩、毫無瑕疵，玻璃在這段長達四百四十二呎的旅程中才不至於有絲毫的扭曲。逐漸降溫的問題也以自動調溫器分不同時段控制瓦斯火苗的方式得到了解決。

通過徐冷窯後，玻璃被切割成一百一十三吋的長度，每一片正好可製作六片完整的擋風玻璃，接著由輸送帶運到刨光機去。

在玻璃片上覆上快乾灰泥緊緊固定住，讓它穿過輸送台一連串的研磨、刨光輪。鑄鐵製的研磨圓盤中有個孔，混了水的砂子會經由這個孔慢慢流至邊緣。玻璃慢慢前進，砂子也愈來愈細——每個研磨機都會切換為不同的砂石。在這段研磨、修滑的過程中，一共用了八種砂子和六種等級的石榴石。

接著清洗玻璃片，之後玻璃被送回覆有絨毛、利用鐵丹和水混和的刨光圓盤。等到程序近尾，將玻璃翻個面，再繼續另一個研磨、刨光過程，出來的就是完全完工、充滿光澤的玻璃成品——從頭到尾不必經過人手碰觸。

砂土原料不需加工，各種研磨用的砂石也不需任何處理。由矽砂和其他原料混合而成的玻璃原料同樣不必經過人手觸碰：將一條厚重的橡膠管放入原料庫，藉一部真空機器將原料吸上來，經過管子落入一個大桶內。一種類似升降機的輸送器將大桶高高舉起倒在一條輸送帶上，倒出的原料就進入了專屬的原料儲存桶中。

研磨用的砂石在使用時必須分出等級。這個分級動作是以一種專業上稱為「磨光」的過程來完成。

砂石運到工廠點收後，先儲存在鐵路軌道旁的大桶中待命，一旦接獲徵召，就由一條水注沖到一個井裡，接著以唧筒的力量通過管線穿越工廠，帶到熔爐頂上供第一步驟使用、位於研磨和刨光區域附近的供應桶中。這些供應桶裡的砂石經由斜行的管道來到第一步驟的研磨機上，而在初步研磨進行的同時，用過的砂石被排入研磨機下頭的排水槽內，再用唧筒的力道將它注入磨光系統。

漂浮在一大汪水中的砂石，現在便自動分出等級來。較大、較重的顆粒下沉到第二個桶子的底部，其他則依照大小浮游到不同的深度。從第二個桶子裡汩出來的水就將較小、較輕的泥沙顆粒帶到砂石供應線上的第三個桶中，再一次進行沉浮過程。如此週而復始，直到第八也就是最後一桶中篩出了最精細的砂粒為止。

所有由二級以上桶子餵入研磨機的砂石，會再以唧筒從排水槽中吸回到第二個桶子，接著以同樣的方式重新篩一遍。從頭到尾，汩出的水都藉著地心引力將適合該研磨機使用的沙子送到下一個桶內。最後幾個研磨機所用的石榴石也是以同樣的方式分出等級。

過程看似簡單，事實上也是。所有經過深思熟慮的過程都很簡單。由於過程簡單又不用手工，因此更加安全。製作玻璃一向被視為危險行業，可是到了我們手上就不是了。過去兩年來，我們因意外而損失的工時，平均每個工人不到一個鐘頭。以後還會往下減。

多年來，我們飽受編織、紡織業責難；他們也有自己擁抱的傳統，幾乎成為那一行的金科玉律。紡織業是率先使用能源的行業之一，但也最早僱用童工。許多紡織業者徹頭徹尾相信：沒有廉價勞工，低成本的生產絕無可能。該行業的技術成就令人佩服，但是否有人會完全不顧傳統、以嶄新的心態來看這個行業，那就是另一回事了。

我們每天的生產過程要用到十萬多碼的棉布和二萬五千碼的毛布，因此即使一碼能省下分毫，一整年下來也攸關重大。這就是幾年前我們開始進行紡織實驗的原因。我們只想找出方法來規避棉花市場的波動，並且以更低的價格因應自己的需求，完全無意顛覆紡織業——因為我們是汽車製造廠。

最開始，我們理所當然地認為使用棉布是必然的——除了棉布外，我們從未用過其他布料做為人造皮的基本原料。我們裝設了一部棉花機開始實驗，但由於沒有傳統的束縛，開始實驗未久我們就自問：

「我們能用的原料當中，棉花是最好的嗎？」

我們發現，長久以來一直使用棉布並非因為它是最好的布，而是最容易拿到手。亞麻布無疑更為強韌，因為布的強度取決於纖維的長度，而亞麻在已知的各種原料中，纖維最長也最強。

另外，棉花生長在底特律的數千哩外，如果我們決定自行紡織棉布，不但必須負擔將生棉花運過來的運輸運費，還得將棉花加工成適合汽車用途的布，這往往又得運回它生長的地方。而亞麻在密西根和威斯康辛州都有種植，供應唾手可得，實際上是隨取隨用。可是亞麻製造的傳統束縛比棉花更多；美國一直沒有幾個人從事亞麻製造，因為大家都認為龐大的手工人力是不可或缺的。

棉製品是奢侈品，而棉花種植在艾里・惠特尼（Eli Whitney）發明軋棉機之前始終無足輕重，因為大家都知道，往昔棉花子必須以手挑出，不但耗時費力，而且極為浪費、昂貴。亞麻纖維在愛爾蘭、比利時、蘇俄也一直是以人手加工，事實上，所有種植亞麻的地方都是如此。這些和埃及法老王朝時代所用的方法並沒有什麼不同。這就是為什麼亞麻布很貴，而美國甚少栽種的原因。美國，說來是幸運，並沒有足夠的廉價勞工，能讓任何需要手工處理的作物有利可圖。

我們開始在第爾本做實驗，結果顯示，亞麻可以機器化處理。這項工作已經超越實驗階段，證明了它的商業潛力。

且從頭說起。我們種植了六百畝的亞麻，以機器耕耘、備土，以機器播種、收割，以機器烘乾、抽絲，最後也以機器取出纖維。之前從來沒有人成功過。

亞麻布一向需要極多的廉價手工。可是我們不能使用任何需要手工的東西。

亞麻在密西根和威斯康辛兩州長得很好，雖然威州種植亞麻的重點不在纖維，而在它的種籽——可以壓榨成亞麻仁油。以纖維為主的亞麻種植在美國並不多見，因為亞麻唯一的市場幾乎都在廉價手工隨處可得的國外。亞麻是一種佃農作物，二次大戰以前，蘇俄是主要的生產者——蘇俄有許多人都習慣一窮二白過一整年。美國對亞麻種植興趣缺缺，連它生長的條件都不甚了了。亞麻似乎需要潮濕的氣候，不過只要美國建立起亞麻工業，我們一定可以研發出不同的品種，讓美國各處都可種植而獲利。

這種植物彌足珍貴的部分是纖維，長在包圍木心的梗莖外圍。大家一向認為將亞麻視同小麥一般收割是不可能的，因為所有的梗莖都必須保持水平，否則會傷及後續的手工作業。另外，大家還認為將亞麻割下會把太多寶貴的梗莖留給地上的根部，因此國外的做法是以手拔起，趁作物落在地上的時候將種籽撥下來。許多寶貴的種籽因而白白流失。

因此，我們一開始是採取舊法，沿用兩種昂貴而浪費的手工作業：手拔以及一種名為「麻梳」的過程（rippling）。我們曾經試過一種頗為精細的拔割機器，不過發現得不償失，也發現其實梗莖可以割得更近根部。在我們機械化的過程中，將梗莖割下後不必讓它們保持平行，而浪費幾顆種籽總比用手工便宜。於是我們決定以機器收割，把種籽留在梗莖上。

舊法的下一個步驟稱為「浸軟」（retting），其實就是腐化之意。一般的做法是把梗莖捆成束，泡在水中數週，上面壓以重物以免漂開。等到梗莖腐爛得差不多了，再整束拿出來放在太陽底下曝曬。這些都是非常倒胃、骯髒的手工作業，因為腐爛的亞麻會發出令人難以忍受的氣味。這個步驟攸關極佳的判斷力，不但要知道哪種水質適於腐化之用，也要懂得什麼時候讓過程告一段落。而在舊法的諸多程序中，下一個被稱為「分離」（scutching）的步驟——將纖維和植物的木心部分分開——則是最累人、最浪費、最昂貴的一環。

而在我們研發出的新法之下，所有這些所費不貲的手工作業都可以束之高閣了。收割之後，我們將梗莖留在地上數星期，接著收攏、捆包，把它當做稻草一般處理。另外，我們不把腐爛的亞麻放在太陽底下曝曬，反而利用輸送帶送到一個鍋爐中，再由同一個輸送帶將處理過的亞麻送到所謂的「軋籽機」裡。這種機器是整個流程的關鍵，因為它完全取代了將纖維以手撥弄下來的古老作業。軋籽機分為六部分，每個部分的凹槽滾軸和梳絲滾軸皆以不同的速度轉動——技術細節此處無須多提。最後，這部機器會自動將所有的種籽與梗莖拿掉，留下的纖維一部分稱為亞麻線，一部分稱為麻屑。

這不但節省人力，休養生息所需的時間也縮短了。這些軋籽機不在乎梗莖是如何送入的，因此不必再費心讓梗莖保持平行。我們算過，一部由兩人看顧的機器在運轉八小時後，分離出的亞麻產量和十個人各花十二小時的手工作業是一樣的。

亞麻接著編織為兩種麻布，一種質粗，一種質細。編織作業利用的是購自國外的標準配備，不過我們的人已經設法在這部機器上做了一些改善，等到我們對這項作業更加投入，勢必會有更多的改進隨之而來。例如，一般做法是將亞麻在捲軸上編織，完畢後再捲回到線軸上梳絲做紗線，而我們是直接在梳絲線軸上編織亞麻。將來我們終能一貫作業，只要在生產線的一端輸入亞麻，另一端就會有染色完畢、百分之百的純亞麻裡布輸出。這條線會和人造皮革相連接，因此整個流程其實是連續不斷的。

我們認為亞麻在福特目前進行的實驗當中是至為重要的一項，因為耕種亞麻不但可以獲致前所未見的優質產品，對農民來說也是另一個財源。光是福特公司每年就需要五萬畝的亞麻產量，而且亞麻非常適合作物輪種，因此農民不但有錢可收，對美國來說或許也會成為一門新興工業。而這還未將亞麻的附加價值計算在內，例如亞麻仁油或是麻屑——後者是沙發絕佳的襯裡填料。公司的化學專家正在對亞麻的「木質碎片」和「粗糠」進行實驗，希望最後能找出一些令人滿意的纖維質化合物。這些元素有多種可能用途，例如車頂的塗漆料，門把的實心部分，或者和電器設備有關。

亞麻種植、紡紗、編織能夠各自為政，也應該各自為政，如此才能和優良管理下的農牧業相輔相成——換句話說，穀物種植和製乳、畜牧或蔬果種植應該分開。軋籽機、紡錘、織布機應該裝置在種植亞麻的鄉間。亞麻種植可以成為一種以農民為主力的鄉村工業，農民可自行分配時間進農場或是進工廠。

我們同時也在摸索毛料的生產，希望讓它符合一貫作業的條件。一開始我們從製圖室裡找了個年輕人，把他送進紡織工廠三個月，要他盡可能吸收學習這行業的種種——只除了傳統。目前我們在一般標準機器上只有些微的改變和進步，而這個實驗工廠的產量和我們的需求相比依舊是杯水車薪，不過我們發現在毛料上省下三成並非沒有可能——這意味著每年好幾百萬元的節餘。只要將某樣東西的製造機器加以調整，同時心無旁騖地徹底鑽研它，終會產生驚人的節餘。

第六章
迫於需要而學習

關於「研究」這個有時聽來頗為雄心萬丈的詞彙，我們其實一無所為，除非它和我們的唯一目標有關。我們相信，其他一切都不屬於我們的領域範疇，或許還得付出損及福特專業的代價——容我再說一次，這個專業就是製造馬達，將馬達裝上輪子。第爾本的實驗室裡，幾乎所有能夠以實驗性質進行的配備俱全，不過基本上我們用的還是愛迪生的方法：嘗試錯誤。

我們的確任重道遠，因為我們一定要有遠見，看到能源枯竭的可能，知道如何節省原料，如何找到替代的原料和燃料。我們的實驗成果往往只是備而不用，以防將來市場狀況有所變動。例如，若是石油價格飆漲到某個程度，引進替代燃料就是務實的做法。不過就我們的體認，我們的首要職責在於把一樣事情學好，而不是到處遊走，離開了我們原本的路徑。鍥而不捨地把一樣事情學好，這種態度使我們深入眾多領域。如果我們希望節約原料、節省人力，往往一個星期不到，就已經有所改變。有些改變無足輕重，有些攸關重大，可是我們的過程手法殊無二致。怪的是，最大的節餘項目竟然是來自我們素來認為進展順利的零件生產。

有一回，我們發現在某個小零件上多用兩分錢的原料，就能將總成本縮減四成。換句話說，在新法之下，每個零件所費的原料要比舊法多出兩分錢，可是人力卻省下甚多，因此成本由過去的〇・二八五二美元變成了〇・一六六三美元——我們的成本是算到小數點第四位。新的方法需要十部機器，可是每個零件約可省下一毛兩分錢，換句話說，成本幾乎折半。以一天一萬個產量來算，這表示每天可省下一千兩百元。

福特開始生產以來，一直使用木材作為方向盤的原料，直到幾年前才有了改變。用木材製造方向盤極為浪費，因為它只能用上好的木材，而木材加工方面很難做到絕對的精確。另外，第爾本的農場每年總有好幾噸的稻草不是平白浪費掉，就是以不到幾文錢的價格賣掉。我們針對這些稻草，研發出一種稱為「福代特」（Fordite）的合成物質，它貌似硬塑膠，其實不是。現在，包括方向盤的盤緣在內，多半和電工有關的四十五種汽車零件都由這種稻草製成，而且產量之高，使得農場的稻草產量只夠九個月之用，還就得向外購買稻草。以下就是製造過程：

將稻草、橡膠基、硫磺、矽砂等原料混和成一百五十磅一堆，送進橡膠工廠，在加熱後的滾輪下混攪四十五分鐘。接著將這團原料一條條地送入製管機去，穿過一個圓形鑄模後出來。這和香腸經過攪拌機出來的過程頗相類似。原料送出來後，已被切割成五十二吋的長度，準備在外層滾上一種有如橡膠的細緻物質。接著放到一個每平方吋有兩千磅高壓的模型下，以蒸氣加熱將近一小時。方向盤從熱氣中取出時很軟，不過很快就會變得如燧石般堅硬，而且始終保持同樣的硬度。

接下來，方向盤被送到刨光室，將邊緣修整平滑，塗上亮漆。將壓縮後的「蜘蛛狀」鋼腳（或稱「橫桿」）放在方向盤當中，由一個機器緊緊固定住，接著機器一個動作鑽出一個孔，下個動作上緊螺絲，方向盤便大功告成，準備裝運出去，組裝到汽車上。

如此這般，木材的成本不但省下近半，而且保住了不少林木。

前面提過的小型遊覽車連同車頂、窗簾、座椅坐墊在內，要用到十五碼左右的人造皮革，而且一共需要五種等級。利用天然皮革簡直是異想天開，第一，天然皮革非常昂貴；第二，宰殺的動物數量尚且不敷我們需求。我們的人花了五、六年的時間，嘔心瀝血才研發出一種令人百分之百滿意的人造皮革。他們必須先找到一種適當的塗料化合物當做皮革的基礎布料，接著還要讓過程一貫作業。自製皮革不但讓我們不必求人——這也是當初這麼做的本意——每天還有一萬兩千多元的節餘。基本上，我們目前的作業方式如下：

將布料送入裝有許多座活動高塔的鍋爐中。每個鍋爐底部都有一個裝著塗料化合物的桶子。將塗料倒在布上，用一把刀子將它均勻鋪平，削去多餘的部分。上完塗料後，布料沿著高塔昇爬到三十呎的高度、兩百度的高溫，待它降下之後，已經完全乾透。第二個鍋爐上第二層塗料，在高塔上烘乾，再下降到第三個鍋爐的塗料桶內，如此週而復始，直到第一回合的七種塗料上完為止。

接著秤重量，確知每碼塗料的數量後送到壓花機器下，在七百噸的高壓下刻上紋飾。接下來又是一個鍋爐，讓它塗上最後一層塗料，不但可增加光澤，同時讓皮料保持柔軟。

塗料化合物是篦麻油和一種在醋酸醚中溶解、經過苯稀釋的硝化棉的混和液。這種塗料揮發極快，這也是它快乾的原因。醋酸醚、酒精、苯的氣體會在鍋爐裡消散，不過我們發明了一種特殊儀器，可以將氣體回收。先用椰子殼所做的木炭吸收這些氣體，直到木炭飽和為止。接著打開蒸氣，讓氣體逼進一個復液器，將它分離、還原為原來的化合物質。當復液器對著某個煙囪集中運作時，可以回收百分之九十的氣體。製造過程是一貫作業；一匹布料快用完了，只要用手將它的尾端解開，縫接上新的即可。如此，塗料作業得以持續不斷——這一點非常重要，因為即使是瞬間的耽擱，都會讓刀刃上的化合物硬掉。

為了防範火災，建築物裡沒有燈光，所有非自然的照明都從外面透進來。每一部機器都採接地電源，各種防火措施跟生產爆裂物的工廠一樣應有盡有。我們從未有過任何意外。

鋼材的熱處理至為重要，因為唯有增加鋼的強度，才能製出重量較輕的零件。可是處理過程極為精密：鋼材零件不能太軟，否則會磨損，可也不能太硬，否則會斷裂。軟硬的拿捏要看零件用在什麼地方而定，這是基本原則，可是既要大量處理又得讓每個零件得到適當的軟硬度，遠超過基本原則的範圍。

過去是用估測的方法。可是福特負擔不起估測的後果；將流程交由人為判斷，我們負責不起。我們本以為過去的熱處理過程頗為先進。當時確是如此，因為工人只要稍加訓練就可以勝任，而且成品非常一致，這都要歸功於機器管制。可是熱處理部門的環境總是高溫、勞累，我們不願意工廠裡有這樣的工作。苦工是給機器做的，人不該做。另外，有些直條零件例如車軸軸桿，由於冷卻不均勻，處理後必須扳直，這也使得成本增加。

我們找來一個年輕人，把所有改善熱處理作業的任務交給他。他摸索了一兩年，慢慢有了心得。他不但縮減了人手，還設計出一種利用離心力的硬化機器，能將軸桿裡裡外外均勻冷卻。如此一來，軸桿不會彎曲，也不再需要扳直。以電力鍋爐取代瓦斯爐，更是一大進步。過去光是文火煉鋼作業，就要四座瓦斯啟動的鼓風爐，外加六個工人、一個工頭，每小時可出產一千根連接桿，而今兩座既有硬化又有煉鋼功能的電力鼓風爐一小時可製造一千三百根，而且只要兩個工人即可——一個負責往裡送，一個負責往外拿。

軸桿部門的熱處理要用到一個有兩層的鼓風爐。一個活動橫樑緩緩慢往前移動，以每分鐘一次的間隔將軸桿送入鍋爐的下層。一根軸桿得花二十八分鐘才能整個通過鼓風爐下層，這段時間內它全程籠罩在華氏一千四百八十度的高溫下——溫度由控制器來調節。

軸桿緩緩從鍋爐另一頭出來後，一個工人拿著火鉗，將它們一個個放在一部旋轉機器上。軸桿以一分鐘四根的速率放到苛性溶劑中驟冷；事實上，機器的旋轉動作使得軸桿整個表面的溫度在瞬間降低。這項作業可確保軸桿的硬度一致，避免因冷卻不均而變形。

驟冷下來的軸桿順著輸送帶被載到鼓風爐的上層，在華氏六百八十度的恆溫下反向朝著入口移動。這個過程需要四十五分鐘。文火煉鋼作業此時徹底完成，接著由頂上的輸送帶送到最後一部機器處。

這些改變看似無關緊要，然而取消了熱處理後扳直的動作後，四年下來總共為我們省下了三千六百萬美元！

我們也研究過自製電池的過程，在經過一段時間的試驗後——我們在投入任何作業之前，總要經過徹底的嘗試——發現自製電池的成本比外購便宜。

汽車和卡車需要一百六十二種鍛造鋼品，因此我們有鍛鋼部門，每天要用去一百萬磅的鋼材。經過不斷的改變、實驗，我們將原本多道的複雜鍛鍊作業整合為單一作業，同時將縮鍛機——以重壓取代槌頭，將鋼條塑造成形的機器——擴大用途，省下了數百萬元。我們的目標，永遠是將後續的機器作業降到最低程度。

這些縮鍛機器的運作方式，是將垂直堆高的厚重鑄模一齊重重敲擊在熱處理後的鋼條上。除了少數情形外，要將鋼條鑄造成適當的形狀，至少需要三套作業程序。先將鋼條插入上部的鑄模中間——事實上這就是縮鍛，嚴格說起來，就是視需要的程度讓鋼條的密度變大、體積縮短。有時候需要兩套縮鍛鑄模，不過這種情況極少。其餘的鑄模則用來將成形的部分修整、鑽孔（如有需要）、削邊、切割。蒸氣槌具組總共由九十六個槌頭組成，最小一支的撞槌和活塞共八百磅重，最大的重達五千六百磅。

將鑄模固定在鐵砧和槌面上。和縮鍛機的情形一樣，每個槌頭都帶著鑄模，好讓它徹底履行這個生產階段的功能。槌頭並不分工。鍛造曲軸的時候，先將高溫鋼條橫放在鐵砧左面一個彎折的鑄模上，然後放在槌面上的對應鑄模往下一敲，鋼條就皺縮起來，形成貌似曲軸的輪廓。接著已經彎成曲柄的鋼條移向右邊，由第二個鑄模敲擊數下之後，曲軸的形狀就完全顯現出來

——這時它已成為曲軸，只是兩端同等粗細，而且裹在毛坯裡，整個零件被一個以多餘金屬做成的薄板包住。整個槌打過程至此完成。金屬薄板會在一個修邊衝壓機上取下，曲軸尾端的側邊作業則在縮鍛機上完成。

有些零件只需用到一部份的鋼條，因此製作這些零件的槌頭上要放置一個小切割器，槌頭一落，成形的部分就和鋼條分開來。製造較小的鍛造零件時，好幾個槌頭上的鑄模花樣是一模一樣的，這樣一次可以鍛造出許多個。

在製造既需要槌頭又需要縮鍛的零件時，要根據零件的屬性來決定生產的先後次序。頭一個送上縮鍛機的是軸桿，初步成形之後，將尾端一一攤平、分開，再送上槌具組。由於軸桿太長，無法整個放進槌頭下，因此一次只做成一半長度，以適合機器使用。

鑄造好的零件離開槌具組後，要將接邊的薄板取下，這必須用到八十個修邊衝壓機。這些衝壓機多半跨立於輸送帶上，好讓鍛造零件上掉落下來的薄金屬板立刻被送走。小零件也任由它落在輸送帶上，等到輸送帶接近廠房出口，再將這些零件取下，分類裝箱。至於落下的薄板，則由輸送帶送入門外轉轍器邊的一個推車裡。

在修邊衝壓機中，衝床刻有鮮明的零件形狀，而鑄模的開口絲毫不差地對準它。零件在受壓之下被推入開口，而薄板就留在鑄模的表面上。

要製造多種較長的鍛造零件，而且讓長度完全精準，必須利用特殊設備。為了製作這樣的軸桿，得用到另一套機械。例如駕駛桿，在縮鍛機上成形之際始終要保持精準，偏離程度絕不超過三十二分之一吋。

製造三合齒輪，目前要用到十三台縮鍛機器。過去在製造這個精密零件的時候，曾經必須鍛造三套不同的零件。現在，只要用一根鋼胚即可。

在這種落槌鍛造的過程中，最難的縮鍛工作是製造主動軸的軸承座。這需要雙重的縮鍛，而縮鍛之後的兩端也需要相當繁複的塑形功夫。而目前我們只用一部機器就可以完成。

我們有個很有意思的設備，那就是回收鋼的碾壓機。這個機器可將那些由於太短而不堪使用的剩餘鋼條的直徑縮小，接著在漸次縮小的滾輪之間一段段連接起來成為堪用的長度。為了節省運輸費用，這個廢物利用的程序在當場進行。

鋁的鑄模也精簡不少。我們花了數年工夫才設計出一套滿意的方法。有很長的一段時間，大家總認為鋁鑄模是不可能的事。舊法下的鑄模方式是將熱金屬注入砂製模型內，將空氣透過砂子逼出來，可是在金屬進入鑄模或模型之際會產生氣泡，導致鑄模中的「爆裂」。我們就是如此才發現了應該將金屬熔液由底部注入鑄模中的奧秘。

將鑄模直接放在金屬熔液鍋的上方。事實上，它取代了蓋子的地位。製作鑄模時，操作員將氣壓注入滾燙的金屬。壓力迫使金屬上升，經過一根注管進入鑄模內。金屬液一面進入，一面由細微的孔隙中逼出空氣。由於鑄模的頂部最先注滿，鑄模自然會從這點逐步往下硬化。鑄模頂部的空氣被第一波的金屬熔液逼出，而由於金屬液只能經由注管進入，完全沒有產生氣泡之虞，出來的模型因此完美無瑕。

絕緣用的銅線很貴，而我們的用量頗大。因此我們著手自製，現在一天的產量大約有一百哩長。我們用的是標準的製線機械，只是改進並簡化了許多，以使機器用於單一產品。製造流程要從類似電車用的那種十六分之五吋的銅棒說起，它是經過九道漸次縮小的冷卻鐵模鍛鍊而來。從最後一個鑄模出來的銅線直徑約為三十二分之三吋，以每分鐘七百二十五呎的速度纏繞到捲軸上。

鍛鍊過程會產生高熱，只要用水不停澆在鑄模上便可消散，同時也可使銅線堅硬。為便於進一步鍛鍊，銅線要在一個水封的電力鼓風爐中予以徐冷而軟化。銅線是放在一個輪盤上浸入水中，輪盤不斷轉動，直到上面的銅線全部跑到鎔爐下方為止。接著將銅線升高，放進一個氣密的滾筒內，在華氏一千零四十五度的高溫下靜置一小時。為免氧化，空氣必須隔絕在外。

第二道鍛鍊作業的機器裝有八顆鑽了孔的鑽石，可以供銅線穿過，而每個鑽石的大小會依次縮減千分之幾吋。這些鑽石每一顆價值約三百美元，可以用六個月不虞磨損。最後一道鑄模的直徑是〇・〇四四吋，可產生十二標準直徑的裸線，準備絕緣之用。

絕緣體的原料包含五層不導電的鎳，和一層裹繞於外的棉紗。鍍鎳過程為一貫作業，同時全部自動化。銅線的鍍層一直處於華氏八百四十五度下的燒烤狀態，每鍍上一層就得攤開、再纏起，而四個工人輕輕鬆鬆就能照顧八十卷的銅線。鍍鎳完成後的銅線，每一吋都要經過檢驗，看鎳面有無粗糙或破裂的地方，合格的就送到捲線機去。瑕疵的銅線則被截下，兩端以銅鋅合金焊接後，準備重新上鎳。

裹棉機的線軸上已準備好十八層的棉紗，好讓絕緣機器使用。這些線軸一面經過銅線一面將它們纏繞起來，如此，鍍鎳的表面就裹上了一層張力甚佳的均勻棉布。這裡也是四個工人，照應七十二個紡錠。機器幾乎完全自動化。

螺絲起子是一種古老而彌足珍貴的工具，可是靠螺絲起子工作的人和現代方法可說是格格不入。這種人餬口都有問題。我們正致力於淘汰螺絲起子。例如，我們現在有一種有十六個轉軸的螺絲機，一舉便可上緊十六個螺絲。

傳動裝置一啟動，輸送帶的螺栓和橡皮墊圈就穿過十六個磁鐵的尾端組合在一起，螺栓旋轉時，一條線頭就穿進飛輪，將這些磁鐵固定住。每個磁鐵末端的下方都放著一捆白色金屬線軸，頂端放上一個磁鐵螺絲鉗。將一個銅製螺絲插入磁鐵螺絲鉗的孔洞內，在磁鐵尾端之間穿梭，經過白色的金屬線圈和飛輪的小孔，進入圓形的啟動齒輪。現在一切就緒，只等上緊螺絲和螺栓。

傳動裝置滑過轉軸螺絲機的下方，操作桿輕輕一動，固定用的機臂就落下來。機臂的邊緣有凹槽，正好可與四個傳動螺栓密合。機臂將飛輪邊上的螺絲直接帶到螺絲機下方的位置。每個螺絲機都裝在一個套管中，套管落下罩住螺帽，並且將螺絲機帶到正確的凹槽位置，操作桿的動作至此完成。螺絲上緊時，摩擦力會增加，因此最後一轉的力氣用得要比第一轉來得大。上緊之後，插在轉軸臂中的摩擦離合器滑落後動作停止，螺絲凹槽也就不會破裂脫落。

傳動裝置從轉軸螺絲機繼續行進到有八個轉軸的螺栓機，這部機器的運作原則和螺絲機是一樣的，功能是將經過磁鐵尾端進入飛輪的螺栓上緊。過去在這部十六轉軸的螺絲機尚未裝設之前，需要由六個工人將螺絲上緊。現在這份差事只需一人，整個作業幾秒鐘就能完成。

以鉚釘代替螺絲來組合車身零件，也是基於同樣的思維模式。鉚釘的功效比螺絲好，而且上緊所需的時間更短——我們目前正在努力研究一種連發鉚釘機，等到研發完成，速度還會更快。我們一天要用到三百萬個鉚釘。

為了省卻繁重的手工人力，青銅軸襯的鑄模方法也在不斷改變、進步，現在該部門上上下下幾乎看不出是鑄造廠。熔解過程主要由十二個電力鎔爐負責，每個鎔爐一次可放入一噸的金屬，需要七十分鐘以達到適當的熱度。鎔爐要等到金屬完全熔解後才會開始動作，這時它會輕輕地來回搖動，讓金屬混和均勻。等到熔解的金屬液到達華氏兩千兩百度的高溫，從中取樣一些送到實驗室做分析，其餘的全部傾入一些小桶內。這些小桶有防火黏土當內襯，由頂上一個支撐用的索車推動到傾注作業部門。

小軸襯的鑄模模子形狀，像是把好幾個軸襯的澆口合在一起；四、五個澆口在一端合而為一後，形成面積頗大的一團。利用這種模子，只需一個模型、一次傾倒作業，就可以製造更多數量的軸襯。

為求迅速有效率，鑄模工人的各種輔助措施一應俱全。工人不必用手取砂送入模子裡；他們用的是電動篩，只要按個鈕就行了。砂土必須攪動均勻，才能沉積成一個堅實的模型。這裡也一樣，機器的表現遠比人工要好。金屬桌下的電線圈直接對著正在塑形的模型加熱，以免產生不必要的高温，讓工人在大熱天裡更加悶熱。冷空氣機是這個構想的配套措施，可將陣陣冷冽的空氣吹到工人週遭。最後，為了將模型取下，模子必須分為兩個密合但輕易就能分開的部分。在過去，大家習慣在這兩半模子中間舖上石松，一種從花粉中提煉出的細緻粉末，而這種花只有蘇俄才有，非常昂貴。現在，我們研發出一種更便宜的預備作業，而效果同樣卓然。只要一台空氣震盪機和簡單的齒輪構造，就能將模型的上半部平穩取下，不致受到任何損傷。

完成的模型由一個連續輸送帶送到傾注作業部門，將金屬液傾入裝滿。這時候模型很容易分開，使得金屬液從兩半中間滲出來。過去的做法是將重物壓在模型上固定，這是彪形大漢的差事。然而，現在用一個轉動於模型所在平台上的支撐轉軸的簡單鉗夾，只要手往下一夾，同樣可將模型牢牢固定住。再往下走，模型會被敲碎，已然硬化的鑄件會被取走，而原本用以支撐模型外表的鋼架經由同一個輸送帶，送回鑄模工人處。

接著將一堆堆的軸襯解體，接合在一起的澆口被送到紋刻室。把這些軸襯放在一個大滾輪機上，滾輪機搖晃不已，直到砂土被抖落儘盡為止。最後將軸襯放在有凹痕的輪盤邊緣上，沿著一個研磨盤摩擦，好將澆口留下的凸癤修掉，回復平滑。現在，鑄好的零件已準備要上漆打光，不過這必須等到測試結果從實驗室裡出爐，才能送去進行。不同溫度下鑄出的零件要彼此隔開，直到測試完畢。我們將三個刨光區設置於鑄造廠的正上方，如此一來，運輸成本和延誤都減少了。所有的刨光機器完全自動化，而且絕不出錯。雙重自動車床每八小時可生產六千個活塞軸襯，而且精確到只有百分之一點三無法通過檢驗。自動鑽孔機直接對著活塞軸襯的脱胚零件鑽洞，對較大的零件也是；有幾種不容易鑽孔的，則交由自動鑽壓機處理。連檢驗都是自動化。

自動車床只需要一種速度，一種尺寸的刀軸。它不會幾秒鐘齒輪到了盡頭就來個停擺，只會換個方向反向前進，而且為了不讓機器在替換軸襯之際閒置在那裡，它有兩副刀軸，於是這個切割工具就像交通車一樣，來回穿梭在其中。

鑽孔機由於性質使然，最是危險——它常會把工人的手當成金屬鑽個洞，如今這種危險已然弭除——一條隨時裝滿鑄模零件的金屬管帶會將零件送進去，操作員不必將手伸入壓孔機下頭。鑽孔機升高時，工人在帶子的末端一推，就把第一個鑄模零件推到正確位置。鑽好孔的軸襯落入斜槽內，金屬管帶立刻將下一個零件送入補上，所需時間遠比以手送入為短。自動鑽壓機也和車床一樣是成雙配對的，不過它有兩個鑽壓器，一個升高時另一個進行切割。

至於軸襯長度的分類或檢驗，要用到一種附有三套圓盤的機器，每套都是一對。第一對圓盤會將過長的軸襯取走，第二套只把那些合於長度規格的零件取走，第三套則把尺寸太小的取走。這些都由圓盤的間距來控制，而間距可以調整到萬分之一吋之細。接著軸襯逐一滑入一個大轉輪邊緣的許多凹槽中而得到固定，等著分類圓盤。

外層直徑分類器更為簡單。兩個研磨、刨光過的滾輪並肩放在一個斜面上，滾輪的直徑越往底部越小，換句話說，兩者之間的距離越來越大。軸襯被重力作用送入滾輪，一面開始轉動，一邊順著斜面而下，最後掉入滾輪下方的一個空間裡，這時尺寸不足的部分會進入一個斜槽，合格的進入另一個。其他還待在上面下不來的，就從滾輪的尾端進入一個裝載特大尺寸零件的斜槽。

這一切代表什麼呢？一九一八年，整個部門每人每天工作八小時可出產三百五十個完整零件，被機器淘汰的約佔百分之三。現在，每人每天平均完成八百三十個，不合格的比例只有百分之一點三。

至於彈簧的製造，精確度和人工方面也有類似的改善。在鑄造彈簧片時，我們使用的模子精確無比，因此彈簧葉片和其他彈簧上的葉片可以互換使用。彈簧片先經由某個作業，浸在油中成形、硬化，再以華氏八百七十五度泡在硝酸鹽中回火，最後加上石墨，即可使用。一九一五年，這個部門僱用了四個工人，一天生產五十個彈簧。現在有六百個工人，一天出產一萬八千個。

每個生產階段一定設有檢驗員，否則瑕疵零件很可能會混入裝配線。我們的檢驗員只有少數情況下才需要運用自己的判斷——他們多半都利用測量儀，不過一如軸襯的例子，我們目前也朝著機器檢驗的方向邁進。例如，福特T型車凸輪桿的八個凸輪現在就是利用兩萬伏特的電力來測試，不但比以往所有的方法更精準，而且速度快上七倍。現在只要一個人操作即可——新的電力測量儀不但取代了七種舊式測量儀和七個操作人員，而且電力測試只需十秒鐘。

新的測量方法是：將凸輪桿插在軸承中，使得凸輪的推桿操作和組合好的馬達沒有兩樣。不過，在凸輪桿轉動時，測量儀的推桿並不是利用活塞的操作，而是控制電力接觸面的開開關關。每個凸輪唯有在外圈接觸到推桿的開關機制之際才能通電，這個動作由手動輪的配電盤負責。

如果凸輪的關鍵位置有誤，外圈太高或太低，就會接觸到電流而通電，使得電力顯示器開始閃亮。這種電力顯示器有兩種，一種供高凸輪之用，一種供低凸輪。手動輪上有個索引記號，由它閃爍的位置可以指出哪個凸輪有瑕疵。如果所有的凸輪都符合規格，整個轉動過程中電力顯示器絕不會閃亮。這種電力測量儀的裝置可以測出萬分之二吋的精微錯誤。

而這些都是每天的例行事務——我們認為，將群眾的錢用於造福群眾，不斷追求更好、更便宜的產品，是我們的責任。

第七章
標準是什麼？

設定標準必須審慎為之，因為設定錯誤要比設出正確標準容易得多。有的標準化是惰性的標記，有的標準化則象徵進步，因此如果談標準化卻談得含糊不清，是很危險的事。

一般對於標準化的觀點有二：生產者立場和消費者立場。舉個例子，假設某委員會或政府部門檢視某工業之後，發現同一件東西竟有如許之多的風格與款式，於是設定了所謂的「標準」，以避免在他們看來是無用的重複。可是群眾會因此受益嗎？不，一點益處也沒有──除非是在舉國必須被當作一個生產單位看待的戰時。原因之一，任何人都不可能具備完整的知識來設立標準，因為這樣的知識必須來自每個生產單位之內，絕不可能來自外界。原因之二，就算這些人具備了必須的知識，而且設定的標準在過渡型社會中或可發揮效果，但到頭來還是會阻礙進步，因為製造廠商會滿足於配合標準而非配合群眾，人的創造力也因此魯鈍呆滯，不再敏銳。

當然，某些標準有其必要。例如，一吋就得是一吋。當我們以重量或測量單位購買東西時，應該知道自己買了些什麼。全國的九號鞋都應該同樣大小，一斤就該是一斤，一磅就是一磅。某個程度來說，標準化是基於便利，也是進步的助力。產品說明也是一樣。某種等級的水泥永遠都該屬於同一等級，讓謹慎的消費者不再有測試的必要。「純毛料」就該是百分之百毛料，「絲」就應該是絲。沒有測試設備的小買主都應該能夠依賴任何物件上附的印刷說明。我再說一次，所有這些都是基於便利，同時避免了讓劣質及優質產品在同樣說明之下出售的不公平競爭。

然而說到風格，那就是另一回事了。對工業流程和問題不熟悉的人所描繪的標準化世界，是要每個人住一樣的房子、穿一樣的衣服、吃一樣的食物，舉止思考也完全雷同。這樣的世界有如牢獄，而且除非世界上所有的人都停止思考，否則這種世界不可能實現。我們難以想像這樣的世界會有進步，因為每個人的思想都一模一樣或是都無思想可言，領導統馭自會消失於無形。

工業的發生並不是一個標準化、自動化、不需要用大腦的的世界。它是一個讓大家有機會用腦筋的世界，因為大家不必日日夜夜老想著如何維持生計。工業的真正目的並不是把大家帶到同樣的模子裡，也不是把勞工階級提升到一種睥睨一切的虛位上——工業之所以存在，是為了服務勞工階級也是其中一份子的廣大群眾。工業的真正目的，是讓這個世界充滿製作精良、價格低廉的產品，讓大眾的心靈與身體從生活的艱苦中解放出來。這些產品可以標準化到什麼樣的程度，對國家來說或許不是問題，對個別廠商來說卻很可能是。

大家反對多樣風格及款式的最大理由是：多樣風格對於每一個相關廠商而言，都和經濟規模的生產格格不入。可是如果這些相關廠商專精化，每家都有不同的設計，經濟和多樣性其實可以並行不悖。更何況，經濟和多樣性都是必要的。

標準化的真正意義，在於結合貨品的一切優點與生產流程的所有長處，最後製造出數量夠多、消費者成本最低的最佳商品。

而將某個方法標準化，則是在眾多方法中選出一個最好的加以應用。標準化是毫無意義的，除非它意味著將標準向上提昇。

做一件事的最佳方法是什麼？是目前為止所有已發現的最佳方法的總和。它因此自成一項標準。把今天的標準規定成明天的標準，這是逾越了我們的能力與權責。這樣的硬性規定是經不起考驗的。舉目四望，昨日之標準比比皆是，可是沒有人會誤以為那就是今日的標準。今日的最佳方式雖然勝過昨日的最佳方式，還是會被明日的最佳方式超越。這就是那些理論專家忽略了的事實。他們以為一個標準就像一個鋼模，可以將所有的心力塑造成形、加以限制，而且恆久不變。如果真是如此，那麼在缺乏任何足以進展到今日標準的阻力之下，直到今天我們應該還在使用百年前的標準。

今天的工業，在工程能力和工程意識的推動下，標準突飛猛進。今天的標準化不是阻礙進步的路障，而是明日進步的必要基石。

如果你把「標準化」視為目前所知方法中最好的一種，不過明日尚有改進的餘地，那你算是有點觀念。而如果你把標準視為綁手綁腳的侷限，進步就會停頓。

我們相信（這個觀點在《我的生活與工作》一書中已闡釋甚詳），任何工廠都不可能大到足以製造兩種產品。福特並沒有大到足以在同一個屋簷下生產兩種汽車。數年前在私人原因多於意願的情況下，我們買下了林肯汽車公司的廠房。本公司的T型車「福特」招牌車是我們的正業，我們已經讓它成為一種流通商品，無意藉由林肯車廠再製造另一種商品。林肯車的標準不比T型車高，不過兩者並不相同。它們的每一項進步，都是以不用機器就能安裝到現成車體為目標，就這點而言，兩種車或許都可稱為「標準化」。當然，所有的零件都可以互換，這是機器優於手工的原因之一，而一般人並不了解。設計出比手工更好、更精確的機器，永遠都是可能的。

不過重點是：雖然這兩種車由同一家公司出產，但並非出自同一個屋簷下，而且製造的動機也不相同。T型車是低價位、服務取向的——製造的人買得起。林肯的訴求方向則完全不在價格——製造的人買不起。它並不具服務眾人的功能，就這點意義而言，它並非豪華車；它的效能超人一等，可是並非流通商品。服務一定要分等級，就像人有高下之分一樣；有些人的努力所帶來的報酬足以購買某類東西，有些人的努力則可以讓他們買更高價位的東西。這並不違背工資動機的原則，只是將這個原則延伸到所有等級的服務上。我們必須向上而非向下看齊。把握住這種原則，就可以避免讓標準化成為威脅。

零件可以互換，是經濟生產的必要條件。福特車從不在同一個地方製造。底特律的工廠只出產幾部完整的汽車，而且只供當地市場之用；我們自製零件，然後在目的地裝配完成。這種做法涉及了過去絕對意想不到的生產精確度，因為除非零件能精確配合，否則裝配好的汽車會喪失動能，那麼以經濟為著眼的設計也就了無意義。我們因此踏入了生產絕對精準的境地，有時候竟然達到萬分之一吋的精準度。一般情形下，測量儀器無法如此精準，當然，我們只有在例外情況下才需要如此精準，不過就許多甚至多半的情況下，我們的容忍度也高達千分之一吋的公差。為了做到這樣的精準度，我們請到世界上一位對絕對精準慎重其事的專家到公司來——卡爾・約翰遜（Carl E. Johansson）。他本是瑞典政府位於艾斯及土那（譯註：Eskilstuna，瑞典東南邊一城市）彈藥庫的小主管，由於來福槍的零件生產必須精確成形，他於是想到將這些生產之用的實心測量儀器結合為一，如此用幾個規矩塊就能夠呈現出眾多尺寸。他的第一批測量儀於一八九七年製造完畢，時至今天，舉世已公認約翰遜的測量儀是前所未有的精準儀器。我們不但買下了約翰遜測量儀在美國的製造權，也買下它位於紐約州波其希（Poughkeepsie）的工廠。而更重要的是，約翰遜加入本公司成為工程組的一員，更進一步研發他的精密儀器。

約翰遜的組合測量儀器由幾個經過硬化、研磨、包覆作業的長方形鋼製工具所組成。這些工具的表面是絕對的平滑、平整，這是機械界最了不起的成就之一，因為讓平滑的鋼面體互相平行是舉世公認的難題。哥本哈根大學數學系系主任赫斯利教授（J. Hjelsley）說，這些規矩儀的表面比起其他任何手工製作的工具來，更趨近於理論上的完美平面境界。

這些工具的表面有個不同於一般的特質：在手掌中摩搓後讓它們接觸，會以相當於三十三個大氣壓的力道互相黏貼在一起。對於這個現象，科學家提出了幾種不同解釋，有的說是大氣壓力使然，有的說是由於分子引力，還有人說是拜接觸表面一種非常精微的液體膜之賜。或許是三種因素的總和也不無可能。兩個規矩塊在皮膚上摩擦後，再以輕微的滑動力量將兩者壓或「纏」在一起，可以和兩百一十磅的直接拉力相頡頏，這證明了讓它們黏貼在一起的因素不只是空氣壓力。

有些組件可以量到萬分之一吋的差異，有些更低到十萬分之一吋。萬分之一吋在精密工具的製作上已經近乎極限，可是對約翰遜測量儀來說，只能算是粗糙。目前它有一套已經達到一格百萬分之一吋差異的極致，這種儀器全世界找不到第二套。連站在幾呎外的使用者身體都會使測量結果受到影響。

雖然我們在這些測量儀器上獨占鰲頭，但購買美國製造權的主要動機是要改進生產流程以增加產量、降低售價，讓每一個機械廠、每一位工具製造商輕易取得這些測量儀器——順帶也證明：品質和大量生產並非絕不相容。

在高地園區我們有兩萬五千部機器，在福特森有一萬部，另外分散於其他各廠的還有一萬部。我們時時得為美國、世界各地設立的新廠裝配做準備，而且隨時都要有備用零件供這些機器使用，這使得我們的標準化進入了舉足輕重的分工系統。巴塞隆納的福特工廠必須和底特律的作業完全一致——經驗的結晶絕不能夠浪擲。底特律裝配線上的工人應該隨時都能進入奧克拉荷馬市或巴西聖保羅的工廠就位。我們採用的全是單一功能的機器，換句話說，一部機器只用來做一個動作（雖然在自動機器之下，有的動作可能包括好幾個環節）。我們的一貫做法，是讓工具設計師在不參考任何機器的情況下從頭製作機器。福特九成的設備都屬於通用標準，至於如何將它們轉換為單一功能的機器，那就是細節範疇了。例如，我們有個作業需要在鋼條上穿一個直徑八分之七吋的圓孔。過去我們是用鑽的，必須利用許多人工和三十部鑽壓機，還浪費許多物料，既慢且貴。後來我們以一個標準的圓盤鑽孔機取而代之，研究人員針對它設計了一套新工具，讓它履行完全不同於原本的功能。據估計，在這部省時省力的機器發明之前，我們鑽孔的鏜屑足可綿延五百多哩。

我們有八百多台特殊機器，是針對福特特有的工作情境而設計的。至於標準機器的主要類別共分成兩百五十個項目，每個項下再次分或細分為許多種類，洋洋灑灑共有好幾千種。例如車床、銑床、研磨機、壓鑄機、鋸子、鑽孔機等主項之下，各自列有數百種不同類別，每一類的設計和尺寸都不相同。在目前一天八千輛的產量之下，我們被這些會損耗的工具所套牢的錢要比產能極限為三千輛時還少，原因就在於標準化。

這些工具的標準是二十年心血的結晶。時至今日，拜這套研發出來的制度之賜，我們生產的器具輕易就能以商用五金取得。用以製造生產機器的工具和設備，也適用一樣的原則。齒輪、按鍵、軸系、手桿、踏板之類的機器組件樣樣都是標準化，而藉由這些標準化零件的不同組合，就可造出更專精的機械器具來。

某些最為錯綜複雜的設計除了鑄模之外，不需任何特別加工就可造出。玻璃研磨機就是證明。它的圓盤狀傳動機件包含了標準螺絲和齒輪，而圓盤狀的升降機制則包括圓形小齒輪、旋轉軸、和方向盤。設備簡化的問題是基礎，是生產設計之所繫。

這套制度在所有的分廠和生產單位中切實執行，而且不僅是設備，也用於方法上。各分廠使用的輸送帶和構組輸送帶的鏈條都有標準可循。所有的存貨都以標準尺寸入庫。設計藍圖都是標準格式，各類資訊永遠列在紙張上的同一位置，以免浪費時間找尋。一系列名為《福特工具標準》的手冊囊括了所有必要資訊，將本廠的標準實施辦法和一切衍生條文鉅細靡遺地羅列出來。這些手冊不但為我們省下數千元的新手訓練費用，而重要性更是難以估量，因為它是讓整個組織的工作統一的關鍵。

這套將機械工具及設備標準化的制度，好處不勝枚舉。它將機械工具的問題簡化到單純的硬體問題，而且花費幾乎不見增加。無論是標準還是特殊機械，在建構上的節餘難以估量，而如果某項設計不盡如人意，它的主要配件還可以回收做廢物利用。各分廠和生產單位的配備系統大為簡化，突發事件不需格外費勁就能得到因應。除此之外，機械和工具的保養維修變得更輕鬆、更容易。它每年為我們省下的費用難以精確估計。

標準化在生產上的好處顯而易見，但也有缺點，那就是在改變標準時需要一番花費。不過改變的成本和改變所帶來的進步機會相比，往往回收更多。我們在設計、原料方面已經做了多項改進，生產方面當然也是，但每一項進步的利益都轉嫁給了消費大眾。我們每個零件的製造都必須基於以下三個依重要性排列的原則，而目前的設計已盡可能美觀：

一、強度與重量（愈強、愈輕愈好）
二、生產要符合經濟原則，以及
三、外觀

或許有人會問：「為實用而犧牲藝術不是比為藝術而犧牲實用更好？」比方說，由於壺嘴上的刻紋設計而倒不出水的茶壺有什麼用？由於長柄的紋飾繁複而握來扎手的圓鍬有什麼用？一個實用物品上的裝飾若是妨礙了它的功能，那麼它已不再是藝術品，最好棄之如敝屣。

有人說過，商業、工業是藝術的致命傷，其實不然。脫離了實用範疇的藝術是不對的。工業與藝術並非扞格不入，只是要在這兩者之間保持真正的平衡，非得良好的判斷不可。汽車這種現代商品必須經過設計，而這是為了履行它的基本功能，並不是為了要代表它並不代表的東西。

去年，我們以製造更好的汽車為目標，進行了一些變更。可是我們不碰引擎——引擎是汽車的心臟。

我們總共做了八十一項大大小小的變更，沒有一項不是經過深思熟慮。新的設計在全國各地都經過完整的測試——實際上路操作達數月之久。

一旦決定要進行這些變更，下一步就是規劃如何實行。

我們先設定整體變更的日期。為免生產終止後有任何剩料，計劃部門必須算出到那天為止以全速生產所需的原料總量，還得為三十二個相關單位、四十二個分廠做同樣的計算。

在此同時，工程師必須繪製出幾百張新模具、工具的圖樣。在我們的安排下，工廠不必全面關閉就能改換新貌。我們有如「蹣跚學步」般，一次變動一個部門，等到最後一項變更完成，生產也已趕上最後一個相關部門的腳步。

以上種種聽來容易，但所謂只做八十一項變更的意義是：我們必須設計出四、七五九種衝床與模具，四、二四三種鑽模與固定裝置，製作出五、六二二種衝床與模具，六、九〇〇種鑽模與固定裝置。這項變革的人工成本高達五、六八二、三八七美元，原料則花了一、三九五、五九六美元。在十三個分廠裝置鍍鎳爐的成本是三七一、〇〇〇美元，為二十九個分廠改換設備的成本為一四五、六五〇美元。換句話說，這些變更花了我們八百萬元不只，這還不算生產上損失的時間。

第八章
自浪費中學習

如果一個人什麼東西都不用，就不會浪費任何東西。這道理似乎淺顯不過，不過從另一個角度看，如果我們什麼都不用，那不是什麼都浪費了嗎？將所有的公共資源收回不准使用，這是保育還是浪費？如果一個人為了老來時衣食無缺，因此整個壯年時期節衣縮食，他是保存還是浪費了自己的資源？而這樣的節儉是建設，還是破壞？

我們該如何計算浪費呢？通常我們以點數物質來估計浪費的程度。一個家庭主婦買了兩倍於家人吃得下的食物，將吃剩的全部倒掉，大家都會說她浪費。可是話說回來，讓家人只有一半食物可吃的主婦算是節儉嗎？一點也不。她比頭一個主婦還要浪費，因為她在浪費人的生命。她減縮了家人在世界上工作所需的氣力。

物質沒有人命重要——雖然我們對這種想法尚未完全領悟。許久以前，一個人倘若偷了一條麵包，我們的社會會把他送上絞刑台，現在的社會則以不同的方法應付這種犯行。我們會逮住這人，把他關進牢房，將足以烤出數千條麵包的人力資源藏而不用，事實上還用數倍於他所偷的麵包數量來填他的肚子！我們不但浪費了這人的生產力，還等於要其他生產者捐出一部份的生產來養活這人。這是浪費之最。

把犯罪的人關進監牢不但在今天屬於必要，在未來亦然，除非到哪一天大家都明白：不誠實的好處絕對抵不上誠實的利益。即便如此，我們還是沒有理由把監獄當作活人的墳墓。在非關政治的一流管理之下，美國每一所監獄都能夠變成一個工業單位，付給犯人比外界更高的工資，輔以良好的飲食、合理的工作時間，使國家得到絕佳的利益。目前雖有獄工制度，可惜多半是缺乏方向、向下沉淪的勢力。

每個罪犯都是非生產者，可是一旦被逮住、判了刑，讓他繼續成為非生產者就是過度浪費。罪犯一定可以變成生產者，甚至可能變成男子漢。然而，由於我們過於藐視人的時間，又過於重視物質，因此不常聽到監獄是人力浪費的說法，更遑論聽到人說：犯人被家人放棄、任由他們在社會上自生自滅是極端的浪費。

保育自然資源因此將它藏而不用，對社會來說並非福祉。這種做法跟堅持東西比人重要的陳腐觀念沒有兩樣。我們的自然資源豐富，足以因應目前一切需求，不必費心將它歸為能源處處節約。我們需要費心的，是人力的浪費。

舉煤礦的礦脈來說。埋在礦坑裡的礦脈一無是處，可是如果一塊煤被挖出後送到底特律，頓時變得舉足輕重，因為這時它代表了一部份曾經用於採礦和運輸的人力。如果我們浪費了這點煤炭，換句話說，如果我們不充分利用它，就是浪費了礦工的時間和精力。而如果一個人生產的東西是準備浪費掉的，他不可能因此拿到很高的工資。

我對浪費的看法，是回歸物質本身，進而延伸到生產它的人力。我們希望將人力的價值發揮到極致，如此才能以它完整的價值付出薪資。我們感興趣的在於使用，不在於儲藏。我們希望充分利用原料，如此人的時間才不至於白白喪失。原料本身不費一分一毫；它本身毫無意義，除非它落入了管理者的手中。

節省物料是因為它是物料，與節省物料是因為它代表人力，看來似乎是同一件事。然而這兩種觀點會造成極大的差異。如果我們把物料視為人力，對它的運用就會更加審慎。例如，我們不會因為可以回收利用而輕易浪費原料——廢物利用也得用到人力。最理想的境界，是沒有任何廢物可資利用。

福特有個很大的回收利用部門，每年為公司賺得兩千萬元以上的進益（本章稍後會介紹）。但隨著這個部門日益成長，它變得愈來愈重要、愈來愈有價值，我們開始自問：

「為什麼有這麼多的東西要回收？我們是不是太注重回收利用，因而忽略了避免浪費？」

存著這樣的心念，我們開始檢視所有的流程。我們擴大機械的使用以節省人力，這種做法上面已約略提過，而對於煤炭、木材、能源、運輸方面的因應措施也會在後面幾章說明。這裡只談和廢料相關的東西。我們不斷研究、探討迄今的成果斐然——每年省下了八千萬磅過去被歸為廢料、必須花費人力重新加工的鋼材。這相當於每年三百萬元的節餘，或者換個更好的說法，相當於省下以福特工資標準計算、兩千多個工人的不必要人力。這些節餘來得如此輕易，讓我們不免納悶，為什麼早不這麼做。舉幾個例子。過去我們切割曲柄軸箱，是在修剪過的鋼板上依照箱子的精確寬度、長度切割下來。這些鋼板一磅的成本是〇．〇三三五美元，因為它很費工。現在，我們以一磅〇．〇二八美元的價錢買進未經修剪、長達一百五十吋的鋼板，自行裁成一百零九吋——裁下來的部分拿去製作另一種零件——然後在這塊鋼板上放置五個曲柄軸箱，一次切割完成。這項作業每年可省下四百萬磅的廢鋼料，節餘幾近五十萬元。擋風玻璃托架的形狀多少有點不規則，過去我們是從 18×32 1/2 吋的長方形鋼板中切割下來。一塊鋼板可以割下六個托架，剩下一大堆廢料。現在，我們拿 15 1/2×32 1/2 吋的鋼板，以七度角的角度切割，依舊可得六塊托架，可是同時還得到了十塊可以製作其他小零件的空白鋼板。光靠這一項，每年可以省下一百五十萬磅的鋼材。加油壺的握柄是十字形狀，過去我們是從鋼材中間壓割下來，不但極為浪費，而且成本高達〇．〇六三五美元一個。現在，我們將十字分兩個部分切割，然後再鎔鑄為一，這樣幾乎不剩任何廢料，而且成本減至〇．〇四七八美元。轉向齒輪的軸襯是青銅做的，過去厚達〇．一二八吋，後來我們發現，將厚度減半並不損及功能，這為我們省下了一年十三萬磅的青銅，折合三萬元以上。頭燈的托墊也是十字型，長寬為 7 1/2×3 1/2 吋，過去我們是從一塊 6 1/2×35 吋的鋼板中切割下十四個。現在，我們將托墊的尺寸縮小為 7 1/8×3 1/8 吋，將鋼板改換為 5 7/8×35 吋，依然可切下十四個，而且每年省下了十萬磅的鋼料。過去我們都以新料切割風扇傳動皮帶輪（fan-drive pulley），現在則利用門料存貨來切割，每年可省下將近三十萬磅的鋼料。有十二種黃銅小零件，我們僅做了極微的改變，一年就省下將近五十萬磅的黃銅。另外十九種棒狀、管狀零件，只是改變了切割工具、用料長度，一年可省下一百萬磅以上的鋼材。例如，有個零件過去是利用 143 吋長的鋼條來製作，每一條可以製作十八個；後來發現 140 9/32 吋長的鋼條就可以製作同樣數目的零件——一根鋼條就省下兩吋多。許多過去利用冷溫壓製的小零件，現在已改為熱處理，這種方法使得十六種小零件為我們一年省下三十萬元左右。

這個一般政策也延伸到許多方面。我們發現許多依照標準尺寸或規格購入的鋼板、鋼條，不但要為它的剪裁、鋼鐵廠的廢料負擔費用，事實上還浪費了尚可利用的金屬，因為如此製成的零件數量較少，同時自己的廢料也增加。這不啻是全面的浪費。我們致力於解決這個問題才一年，對於應當如何處理，幾乎毫無頭緒。

我們認為，廢料應該避免產生，而且除非別無他法，不要拿去二度熔解。過去我們把老舊淘汰的鐵路鐵軌當成廢鐵二度熔解，現在，我們讓這些鐵軌穿過一個碾壓機，使得它的軌頭、網軸、軌腳分開，結果得到了適於多種用途的上好鐵棒。這個點子日後還會做更進一步的發揮。另一方面，目前我們必須視為廢料的鋼材一天就有一千噸以上，我們曾經悉數賣給匹茲堡，再將它以鋼材買回——來回的運輸費用均由我們負擔。現在，我們在胭脂河廠一連蓋了數個電力鎔爐和一個大的鋼鐵廠，自己就能將廢鋼改頭換貌，同時省下了來回運費。如果我們免不了產生廢料——一些廢料是在所難免的——，至少在處理及運輸上可以省下人力的浪費。

工廠原料的回收利用已經發展成了熱門工業，這門工業異常重要，因為它僱用了一些「低於標準的人」，也就是無法從事生產工作的人。我們可以利用這些否則形同失業的人來節省其他的人力。上一章述及的工具、機械的簡化及分類，對於我們廢物回收利用的過程有極大的幫助——工業的每一環節都該和其他環節相配合才是。

每隔二十四小時，就有數千個破損的工具和工廠設備送到這裡來等待改造。每天都有價值上千元的各種帶子，被送到回收部門。這些東西都要經過修理、重新加工，比較小件的廢料可以做成洗窗工人的救生帶，或是供補鞋匠修補鞋底或補釘片之用。各式各樣的破損工具，例如三夾板、刀剪、鏈條、曲柄鑽孔器、鐵鎚、鑽子、測量儀、掐子、刨子、鋸子、模具、齒輪、小裝置，一概經過修理後，送回庫房。這些修理工夫可不是補釘作業；每樣工具都要切實根據原來的藍圖重新打造，所有細部都得符合規格。

公司裡所有機器的作業型態，需要哪些種類及尺寸的工具，回收部門都有詳細紀錄。受損的工具應該如何處理，看看這些紀錄就一目瞭然。將工具重新打造成較小尺寸的工具通常效益較高，因為有好幾部機器會用到長度不足一吋的鑽子。如果是鑽子、螺旋鑽、或鑽孔器磨損，絕對會根據原本的設計藍圖，被切割成較小尺寸。模具一概重新加工到次小的尺寸，以此類推，擴及所有的工具項目。每一種工具所使用的鋼材在重新加工前都要分門別類。任何工具的把手都要回收利用；一個圓鍬的把手壞了，或許可製出好幾個螺絲起子和鑿子。鶴嘴鋤、耙子、鏟子、鐵橇、抹布、掃把之類的附屬用品只要還有效益，一概回收利用。我們有兩個人，幾乎成天埋首於修理抹布水桶。

管子、活塞、接頭等汽管裝配方面的用具都要修整。回收的舊油漆每日多達五百加侖，可做粗活之用。切割鋼材所用的油品及混和物的廢料，一天可以回收兩千一百加崙。

金屬屑片，例如銅、黃銅、鉛、鋁、巴弼氏合金、焊接劑、鋼、鐵，全都一一熔解。由於我們所有的鑄模會根據分析結果分門別類，因此將廢鐵分類送回適當的鎔鐵爐重新熔解，是輕而易舉的事。

鑄模砂之所以要回收利用，不僅在於它的內在價值，也在於節省運費及處理費用。廢油也可回收利用，不適合潤滑或防銹用途的部分再拿去燃燒當燃料。我們研究出一種方法，可將某流程中熱處理所用的氰化物稀釋，讓氰化片一切為二。實驗室也已研發出一種可讓帆布面和滑軌黏貼在一起的混凝土，如此可減低帶子的滑度，以及因而被浪費的能源。舊防火磚被分解後重新加工，熔解爐中的殘渣碎屑也有效益。攝影部門中，沖片溶液中的銀鹽可重複使用，每年節餘將近一萬元。

所有廠房一天收集到的廢紙、破布曾經讓我們大感頭疼，車體工廠的廢棄硬木也是。由於福特大部分的車款皆已轉換為全鋼車體，木屑量已大為減少，而既然有個回收利用部門，我們立刻著手研究，希望讓木屑完全消失。我們第一個念頭是讓硬木木屑變成紙張，可是別人告訴我們，只有軟木才能造紙（譯註：硬木為闊葉樹，軟木為針葉樹）。不過我們依舊照原計劃設立工廠，結果證明，硬木也可以成功造紙。拜實驗室研發出的一種過程之賜，現在這個造紙廠每天用掉二十噸的廢紙，生產十四噸的裝訂夾板和八噸的特殊防水紙板，這種紙板拉張度極強，一方十吋厚的紙板足以承擔一輛福特車的懸浮重量。

我們利用標準機械，自行加以改進、調整，不但使得造紙過程一貫作業，同時省了不少人工。整個造紙廠包括七十五種以上的儀器，但運作只需三十七個工人。成品有一部份拿去做座椅的襯裡，其餘用來製作裝運零件的容器。如此一來，連木材也省下了。

鼓風爐每天會產生五百噸的熔渣，其中兩百二十五噸拿去製作水泥，其餘輾碎後用於鋪路。將鼓風爐的熔渣轉換成水泥履見不鮮，可是我們負擔不起一般水泥工廠的塵灰飛揚，因此想出了一個稱為「濕化」的新流程，目前美國其他的廠商也紛紛加入試驗行列。

當熔解後的熔渣從鼓風爐中流出，一條冷水柱迎面而來，將它凝結成粗鹽大小的顆粒。這團濕漉漉的泥團，成分中的濕熔渣雖可高達百分之四十五，但只有百分之十到二十五會經過一條一千三百呎的管子抽取到水泥工廠，接著被倒入不斷攪動的脫水升降機，以使它在到達頂端的輸送帶之前擠出所有的水分。熔渣顆粒順著輸送帶被送到儲存桶內，以備隨時取用。由於熔渣中含有百分之一的鐵質，輸送帶會經過強力磁鐵的下方，由這些磁鐵將鐵分子吸住，一天就可回收可觀的量。這些鐵質會送回鼓風爐再度利用。

儲存桶中的熔渣經取用後被送往碾壓機，和壓碎的石灰石以及百分之三十以上的水分混和後研磨成粉末。粉末非常之細，在離開工廠之前，九成以上可以穿過網眼多達兩百的紗網。呈現均勻泥狀的混和物稱為「泥漿」，被氣壓逼入巨大的儲存桶內，之後每小時分析一次，並據以修正比例。

接著將泥漿倒入一個一百五十呎長的旋轉窯爐，在高溫之下，水泥被熔成透明磚塊，接著加入少量石膏後磨成粉末，就以這樣的狀態備用。我們會在成形的水泥中加入一些石膏，以調節它的狀態。

這個工廠每天出產約兩千大桶的水泥。我們賣出少量給公司員工自用——純粹是為了讓他們以低於市價的價格買到水泥。

上述種種的重點，我不妨再說一次，完全著眼於節省人力，以期讓它效能更大、價值更高。我們從美國政府手裡買下兩百艘船，就是基於節省人力的想法。這些船隻是緊急艦隊公司（Emergency Fleet Corporation）於大戰時期建造使用的，沒有任何商業用途。目前這些船隻正在我們紐澤西州克爾尼（Kearney）的工廠進行解體。某些引擎可供我們較小的廠房使用，因為船上許多引擎的品質一流。我們並不指望從這些船隻的回收利用中獲利——當初這麼做並非為了賺錢。我們只是不希望看到這麼多上好材料——其中涉及多少人力——付諸流水，況且我們有這個能力再度利用。我們買下這些船隻，心存的是工資動機，不是利潤動機。

盡一切可能節約物料，是工業對社會的一份責任。這不但是基於產品的成本因素——雖然這個因素也很重要，但最大的原因是：原料的生產和運輸對社會形成的負擔一日重於一日，因此應當節約才是。

而當前的情況是：每個生產廠商都只顧著生產自家的產品。他們並沒有和社會連結起來。

生產單位對社會的貢獻大可比目前多得多，這是個愈來愈明顯的事實，不妨舉燃料和能源的供應為例。在當前制度下，運到工廠的煤炭都只在它自己的鍋爐中燃燒，被利用到的只有一小部份。礦場把一千輛車子的煤炭運到工業區各廠房後，就此了事。事實上，在此煤源短缺的時期，讓工廠有源源不絕的燃料供應以及讓家家户户有燃料可用，應該涇渭分明，需要兩種大量供應煤料的系統。

總有一天，為了節省人力，我們會把所有這一切都連結起來。生活中的所有層面都可以相輔相成，而且理當如此。

第九章
追本溯源找資源

在我們看來，工業大抵不外乎管理；就我們而言，管理與領導是同一回事。我們沒有耐性去做那種發號施令、處處干預卻不指引員工方向的管理。真正的領導是鋒芒不露的，我們的目標向來就是妥善安排原料、機械，同時簡化作業，希望真正做到無令可施的地步。除非管理的第一步是從製圖板上開始，否則永遠進不了現場。

負責管理的是工作，不是人。工作要在製圖板上規劃好，作業也要分工，讓每個員工、每部機器只做一件事。這雖是一般原則，不過不無彈性，而且應用的時候要以常識判斷。如果一部機器可以設計成同時從事好幾項作業，那麼有好幾部機器就是浪費。有時候一個人能夠輕易將兩項作業當成一項來做，那麼這人就該履行兩項作業。

大家常以為，福特的生產制度是奠基於活動的工作平台和輸送帶上。事實上，唯有在工作平台和輸送帶有助於工作的時候，我們才會用它。舉例來說，製作前燈時我們就不用輸送帶，因為性質使然，這種零件在裝箱後搬運要比用輸送帶運送更為容易。話說回來，我們發現輸送帶對許多部門極為有用，尤其是將零件組合在一起的裝配線上，因為工人可以從活動平台的一端就開始裝配，一邊移動一邊加進多種零件。

重點是讓一切不斷運轉，並且將工作送到員工眼前，不是讓員工去遷就工作。以事就人而非以人就事，這才是福特真正的生產原則，輸送帶只是諸多達到目的的手段之一。

我們生產的關鍵在於檢驗。福特所有的人力當中，有百分之三以上是檢驗員。零件在生產過程中的每個階段都要受檢，無一例外。這個原則使得管理變得很簡單。

如果某個機器故障了，幾分鐘內就會落入維修小組的手裡。這些人不必離開工作崗位去拿工具——新的工具會送到他們手上，只不過他們不常需要新工具，機器也不常故障，因為工廠裡所有機器的裡裡外外都有人不斷在清潔、維修。就算需要新工具，也不會有絲毫延誤；每個部門都設有工具間。過去我們設置了很大的供應室，工人都得在窗口排隊等著拿工具。這是浪費。我們發現，一名工人要領取一個價值三毛錢的工具，往往要花費兩毛五的時間成本（固定成本還不算在內）。於是我們廢除了集中管理的工具室——工人不能因為站著枯等工具而得到高薪。而且——其實這是一體的兩面——民眾也得不到任何好處。

蹲下身子去拿工具或零件，這樣的人力沒有生產力，因此，所有的原料都送到腰際一般高矮。

我們的管理制度根本不算是制度；它包含了工作方法的規劃，以及工作本身的規劃。我們對員工的要求，只是做他們眼前的工作而已，而這份工作絕不會讓他們在八小時之內累得不像話。我們付出優渥薪資，而員工也切實工作。如果管理成了一個「問題」，過錯一定出在工作的規劃上。

當然，如果員工因為外界因素的影響或左右而使得他一天的工作量受到限制，換句話說，如果他們聽命於非屬本公司的權責單位，那就無從管理起，結果他就不能因為生產低價格的產品而得到高薪，整個工資動機也就失效了。

為了避免運轉停止——不斷運轉對一個軸承來說很重要，對一家工廠而言亦然——，我們從幾年前開始啟用福特森廠區，而它現在已成為福特工業的心臟。四年前，這裡只有一座鼓風爐，數間廠房，三千名員工。當時我們購得了土地所有權，搭蓋出幾棟建築物，專門替美國政府生產戰時用的鷹艦，一種追蹤潛水艇的小型快速戰艦。而今福特森廠區佔地一千多畝，臨河空地寬達一哩多，而員工已達七萬人以上。

建造許多大廠房，其實並不合我們的本意。我們相信小廠也有它的功能，而且曾經秉持著這種觀念進行了一些有趣的實驗。可是既然福特森廠區本身也處理未加工的原料，為避免不必要的運輸，我們不得不裝設了處理原料的重型裝配線，例如馬達以及曳引機的完整組件。

搭建福特森廠區的原因，在於運輸交通。胭脂河其實不算是河流——雖然我們已經想出辦法，幾乎全靠它本身的水力來利用它的能源。可是現在河流經過疏浚，大湖區的船隻和比較小型的海洋輪船都可以開進我們的船塢，而我們又挖了一個大型的轉彎用船塢，使得工廠和水上交通的門户大開，載運礦石和木材的船隻可由密西根北部的礦區和林地直接運進工廠。這裡也是底特律——托雷多（譯註：Toledo，俄亥俄州西北部一城市）——鐵城（Ironton）鐵路線的終點站，而這條鐵路屬於福特所有。這條路線和我們的礦田相連接，穿越九條主要幹道。因此，不但我們需要的所有原料不必另外處理就可以在這個廠區內匯合，完成的汽車零件也可一樣輕易離開廠房，運到美國或世界各個角落。

整個廠區乃基於一個想法而建：簡化原料的處理過程，而整個原料運輸的骨幹，我們稱為「高線」。高線是一棟四十呎高、四分之三英里長的水泥建築，包括五條鐵道和兩個設有保護措施的人行空橋。靠外面的鐵道離儲存桶最近，由於它屬開棵式的構造，由底部卸貨的小推車可將原料直接倒入桶內。

鐵道底下都是目前正使用中的儲存桶，供應鼓風爐等單位使用。鐵道下整整綿延四分之三哩的空間，每一吋都得到利用，包括製造火車頭零件、設備的機械舖，存貨庫、工具間、管線間、輸送帶，外加一個打鐵廠。廠房中有一條長達八十五哩的鐵道，是高線的輔助線，拜它之賜，整個卡車甚至整個火車的原料都可運達廠房中的任何角落。

大部分的煤、鐵礦石、石灰石、木材都以船運運到，一旦海上航行由於結冰而關閉，偌大儲存設備的供應足夠整個工廠撐過這段時期——主要儲存桶排成一列可長達半英里，總容量超過兩百萬噸。

進港船隻的貨載以每小時一千零五十噸的速率卸下，兩部卸貨機一次便可吊起十二噸。主要儲存桶藉由幾道五百二十呎長的活動橋道送貨，這些橋道負責將原料由某個桶中轉送到其他桶或轉到高線上，也就是分料桶或目前正使用的原料桶的位置，便於鼓風爐使用。

船一停靠碼頭，卸貨機就開始工作，它的最高紀錄是在十個半小時內卸下了一萬一千五百噸的礦石。卸下這麼多的量平均需要十一個鐘頭，不過現在需時愈來愈短，這是因為我們在貨載快卸完的時候放下一個推土機，將散佈的礦石掃成數堆，讓巨大的卸貨機易於鏟起使然。

我們不妨看看，這一切就生產觀點而言有何意義。（當前姑且不談能源廠，這個題目稍後再談；目前這麼說就夠了：高地園、福特森、第爾本實驗室、林肯車廠、平巖廠（Flat Rock）以及鐵路的動力能源集中由福特森供應，而且四成的能源其實是鼓風爐的副產品。）現在跟著作業流程走。煤礦經由高線從肯德基州的礦場運來後，有的放置於鐵軌底下的儲存桶內，有的直接送入製焦炭的鍋爐，一路上被研磨成粉。我們有一百二十座「高温」鍋爐，一天的產能高達兩千五百噸。這些都屬於加工副產品的鍋爐，旁邊是個加工副產品的工廠，生產一些經過回收利用、可供本組織使用的產品——除了硫酸銨賣給外界，我們也賣多餘的苯，這前面已經說過。運到工廠的煤塊，一噸成本約在五元左右，可是轉製成焦炭和其他副產品後，就有了十二元一噸的價值。為了讓副產品得到更進一步的利用，我們以實驗性質設立了一間油漆和透明漆工廠。蒸餾所產生的氣體，一部份用於加熱鍋爐，好讓流程持續不輟，一部份經由管路送到高地園廠，剩餘的部分則賣給當地的瓦斯公司——這正是社區工業與社區本身結合的例子。瀝青和油品供本組織使用。製作焦炭的過程中，完全用不到任何手工。

製作焦炭的鍋爐近旁就是鼓風爐。沿著高線運來的儲存桶內的鐵礦石、焦炭、石灰石，現在被一一送入鼓風爐裡。加料的比例是兩噸礦石、一噸焦炭、半噸石灰石和三噸半的空氣，取出的產品則是一噸矽鐵、半噸熔渣、五噸半的瓦斯，相當於二十萬立方呎。這些產品絲毫沒有被浪費掉。

瓦斯先經過清理、過濾，以去除鼓風爐的餘灰，而後一部份用來預熱爐子，其餘的用管路送到能源廠，在那裡製成基本燃料。鼓風爐裡的餘灰也留存下來。在過去，這些純鐵質成分將近五成的灰燼被視為廢物，由於顆粒太細，無法在鍋爐或熔鐵爐中熔化，因此不是倒掉就是當廢料賣出，而今這些餘灰被收集機再度吸集起來，藉由重力從貨車上卸下，直接運往熔結廠，在那裡和鋼或鐵的鏜屑混和，凝結成很容易就能熔解的厚重塊團。這個過程不但可回收大量的鐵，還省下了過去將它拖走的人工。這個熔結廠初次啟用之際，我們積存的鼓風爐灰已經足以供應六十萬個汽缸鑄模之用。操作鼓風爐所需的人力極少，所有的粗工重活都由機器代勞。如果鼓風爐需要拔開塞子，先以電鑽切開土做的塞子，事後再用壓縮汽槍射出泥團將它封住。大部分的熔渣直接送到水泥工廠，這個過程前面已有說明。

過去我們的鑄造作業在高地園進行，而現在，為了省卻運輸和金屬重新加熱的手續，所有的鐵鑄作業都已移到福特森的鑄造廠來。這個鑄造廠佔地超過三十畝，從頭到尾都以輸送帶系統運作。鑄造廠裡鋪上地磚，地上隨時保持一塵不染，再加上讓整個廠房涼爽、無塵的吸入管系統、通風裝置、吸塵器——事實上，除了正在製作的鑄模和熱燙金屬外，別無任何東西可以讓你看出它是個鑄造廠。鑄造廠並非和其他部門各自為政。事實上，所有部門都藉由輸送帶的居中協調，成為一套連續不斷的製造體系。

鑄模型心的製作是在一條無盡的循環線上，它不斷將裝載著模具的輸送帶送入熔鐵爐的倒漿站去。模具的製造也在不斷移動的輸送帶上進行，在離熱金屬攪拌器幾碼之外的地方剛好完成。回程時鑄模可利用到達抖砂區之前的時間冷卻下來，到達後就可從瓶狀容器中取下，將沙子抖落。將尖角、粗邊切掉之後，另一條輸送帶帶著猶熱的鑄模送到研磨滾筒中滾轉，直到表面平滑光潔為止。

馬達的模子是整部汽車中最重的模子。以前它也在高地園廠鑄造，可是將這些鑄模運到高地園，再把完成的馬達由鐵路運到各分廠，途中卻經過福特森之門而不入，分明是浪費。因此，我們將馬達的裝配線遷往福特森，設在一棟八百呎長、六百呎寬的建築內。這裡有四條主要裝配線或輸送帶，而現在馬達的製作也是一貫作業。

整個過程以鼓風爐為開端，等到成品馬達被裝到貨車上的那一刻，才算大功告成。鑄模放在活動平台或輸送帶上離開鑄造廠後被送到裝配線上加工成為機器——其他零件在它一路移動之際陸續加裝上去——，待它到達裝配線的末端時，已是個通過測試的完整馬達，過程自始自終沒有間斷。

曳引機的鑄模也出自同一個鑄造廠。這些鑄模被送入曳引機部門，而後曳引機靠自己啟動離開裝配線的最後一站，進入貨車等待裝運。

這些流程和《我的生活與工作》中所描述的細節迥異，不過原則相同。我們把所有的東西齊聚於福特森，因此省下了極為可觀的製造時間——可觀到有人說，曳引機還沒時間放冷就被裝運走了。和汽車不同的是：所有的曳引機都是從工廠直接被運走的，因為曳引機體積甚小，把零件送到分廠去裝配很不合算。

前面說過，為了回收利用鋼鐵廢料，數年前我們就設置了大型的電動熔爐——其中一座重達五十噸。現在，我們添置了更多的鼓風爐和一個碾鋼廠，不但鑄造還能碾壓所有的鋼廢料，而且以後一旦發現可行，還可以自己製鋼。我對鋼的信心十足；T型車的問世就是拜釩鋼之賜——當時沒有其他的合金鋼具有如此強的堅固度。我們目前致力於研發多種特殊鋼，我相信，以純金屬製造的飛機所需的輕度與強度最後終會在鋼裡找到答案。我們一定要有所準備，製造切實符合我們需求的特殊鋼。

當我們漸漸明白鋼有如許眾多的可能性時，真正的鋼的世紀才剛開始萌芽。噸重於今依然居於主流，而我們不但運輸了太多的各種金屬到全國各處，同時當前使用的每一種鋼製品都太重了。每當一個人用去兩磅可以一磅特殊鋼取代的一般鋼時，就等於將反映在高售價、低消費、低工資上的不必要負擔加在大眾身上。比起其他任何金屬，鋼有更多的可能性。

而以機器代替手工，產生了一個有趣的附帶發展：修理機器、工具，甚或建造新型機器的技術勞工人才現在需求愈來愈高。許多人以為機器製造會破壞手工藝術，事實上恰恰相反；我們現在需要的機械專家是前所未有的多——我們隨時都需要更多的工具製造者。製造、修護機器對我們來說是一項非同小可的事業，總共用了數千名員工。

隨著我們對機器知識的累積，操作員對那些深具生產力的機器所需的注意會日漸降低，而轉移到機器的製作上。目前我們的設備還不夠，除了製造某個機器用的小零件外無法製作其他，而且幾乎完全侷限在自己設計的特殊機器上。我們曾經製造出一些與新的能源廠相關的大型機器，例如渦輪發電機的冷凝器鑄模，重量高達九十六噸。我們自行製造發電機，原因之一是希望將自己的構想融入其中，一方面是因為外面的製造商無法以我們需要的速度交貨。

福特森所帶來的節餘異常驚人，但到底有多少我們無法確知，因為當前大量製造下的節餘和過去的生產成本是無從比較的。

第十章
時間的意義

投注於原料或成品的錢，一般都認為是活的錢。雖然這筆錢確是投注於企業中，但原料或成品的存貨多於所需就是浪費，而這種浪費和其他所有的浪費殊無二致，都會造成高售價、低工資的後果。

製造業中的時間因素，要從原料和土地分離的那一剎那算起，直到成品送達最終消費者手上的那一刻為止。它攸關各種運輸方式，而且必須顧及全國的服務範疇。時間也是節約的途徑之一，足以和能源的應用、人力的分工相提並論。

假如福特至今還沿用一九二一年的經營方法，那麼我們今天手上握有的原料應該在一億兩千萬元之譜，另外還有五千萬元左右被套牢在其實不必要的成品運輸上。換言之，我們在原料和成品上的投資約莫有兩億元之多。但今天的福特並非如此；實際上我們的平均投資僅在五千萬元上下，或者換成另一種說法：我們的存貨，包括尚待加工者及成品在內，比過去產能只有一半的時候還少。

一九二一年以來，本公司的擴張甚鉅，就某種意義而言，所有因這些大刀闊斧的擴張而付出的錢，在過去的做法之下不是化為成堆的鐵、鋼、煤閒置在那裡，就是化為汽車成品積存在倉庫。而現在，我們連個倉庫都沒有。

我們是怎麼做到的，本章稍後會提到，這裡只說一個重點：我們開始將思維導向服務中的時間因素。手上的原料比所需多出兩倍——換個說法就是：囤積的人力資源比所需多出兩倍——，這和僱兩個人去做一件一個人該做的事沒有兩樣。僱兩人去做一人之事，是反社會的罪行；一個能夠在兩百五十哩方圓內找到的產品，被迢迢運送了五百哩才交給消費者，也是罪行。鐵路運載五天可達的東西卻運了十天才到，這是大竊盜罪。

運輸是美國立國的根柱。四通八達的主要幹線讓美國成為一個國家——美國貿易上既無政治屏障，鐵路網又去除了它的自然屏障。在過去，製造業自然是以東岸為中心，因為煤、鐵礦的蘊藏眾所週知都在東部，多數商業成品的消費者也集中在那裡。可是現在，東西岸之間一路都有大城市。如此眾多的人口，如果我們墨守成規，讓所有的製造都集中在東部，我們的鐵路網勢必不敷使用。

工廠規模大，有時候是合算的。福特森廠區就建得划算，因為它將原料聚合在一處，符合經濟原則。我們目前的運輸和裝配方式，可以使成品的出貨運輸費用降至最低。話說回來，如果福特森並不處理厚重、大宗的原料，那麼興建它就不划算；它之所以划算，是因為它將對內及對外的快速運輸結合為一。一般而言，大廠並不符合經濟原則。在動力能源同樣低廉的情況下，只製作一種零件的小廠要比製作所有零件的大廠來得經濟，即使這個大廠細分為好幾個部門也是一樣。起碼這是我們的經驗，下一章會有所說明。能源和運輸成本是關鍵。

浪費不是必然會發生的事實，這句話說再多遍也不算多。讓一個患病之軀恢復健康是成就，可是事前防治疾病，成就勿寧更高得多。回收、利用生產過程剩餘的廢料是公眾服務，但詳加規劃以期無料可剩，是更高層次的公眾服務。

浪費時間和浪費原料的差異，在於前者不可能回收利用。時間最容易浪費，可也最難矯治，因為它不似原料的糟蹋，會弄得滿地凌亂。在福特，我們視時間為人力資源。如果我們購買的原料超過所需，那就是囤積人力資源，很可能會讓它的價值大跌。有人或許會基於投機心理而事前大肆購置原料，指望不勞而獲。這不但是差勁的服務，也是差勁的生意盤算，因為幾年下來，投機的獲利不會高於損失，因此不但投機者的淨所得是零，社會本身也蒙受其害——既然正常的交易高速公路不能使用，它只好峰迴路轉繞遠路。另一方面，原料積存過少也是浪費——一旦出了意外，生產就會停擺。這中間勢必得找出個平衡點，而這個平衡點多半繫於交通運輸的便利與否。

而除非避免了不必要的貨物運載，否則交通運輸絕不可能便利。美國的鐵路設施足以載運所有確實需要運載的貨物，可是如果加上不必要的運輸，那就不敷使用了。設施多於所需也是浪費。如果我們以運輸的必要性著眼，會比一味擴建鐵路網要好。例如，當年福特汽車完全在高地園區製造並以完整成形的汽車出貨時，一天一千輛的產量造成了前所未見的貨運大堵塞。

花個幾百萬元擴建鐵路、多造幾個貨載車廂，或許可以化解這種壅塞情況，可是採用不同方式將汽車運載出去勿寧更好得多。若用老法子來運載我們目前一天八千輛的汽車，幾乎是不可能的事，而即使可能，汽車成本勢必會比現在消費者付出的價格高出許多。

現代企業的基礎，和昔日企業不同。當時機會鮮少，替某人謀得一職往往會被視為熱心的義行，可是現在，依照工資動機的原則來看，事求人的機會要多於人求事；替一個人找工作，只不過是請他幫忙降低薪資、提高售價罷了。表面上看，鐵路的交通越繁忙就越賺錢，而它所添購的新設備就等於和鋼鐵業者、火車頭廠商、汽車廠家以及靠鐵路支持的各行各業分享獲利。

這確實不假——如果它所載運的交通有其必要的話；如果交通全無必要，那就大謬不然了。如果我們將小麥托運了五百哩送到碾磨廠，再把麵粉托運五百哩載回，這是浪費，除非做為中間站的碾磨廠的經濟規模超過了來回運輸的成本。如果這樣的運輸是浪費，它會轉嫁到麵包的價格上，於是大家少吃麵包，種植小麥的農夫獲利就會縮減，鐵路的運載量也會降低，賺的錢也少了——所有依賴它的人也是。

這個原則適用於所有依賴交通運輸的企業（不依賴運輸的企業少之又少，我們不必考慮）。運輸速度本身是個因素，而它的重要性端視貨載的價值而定。如果鐵路單位未能堅守準時出車的原則，任由貨廂被堆置於旁軌上甚至忘掉了它們，那麼無論貨載的價值多高，這條鐵路就和投注大筆死錢在多餘設備上沒有兩樣。

草率處理貨載，是另一個造成莫大浪費的因素。如果你要求待運的貨物除了預防一般旅途顛簸外還要預防其他，往往被視為荒謬。但交通工具的功能是點收貨物，將它們極其謹慎地運到目的地，這個功能似乎被人遺忘了。一般而言，貨物必須包好裝好，不光是防止顛簸以及一般處理，尚需預防任何可能讓它受損的因素。運到海外的貨物尤然。包裝所涉及的勢力和原料甚鉅，多半是純然的浪費——不但浪費人力，也浪費寶貴的木材。

所有這些問題，福特無不需要面對，而我們在打造企業之際，時時將運輸因素銘記於心。我們不運送成品汽車；福特在美國各地的交易重鎮擁有三十一個裝配廠，各自從製造廠中取得標準零件後裝配成完整的汽車和卡車。這種作業需要裝配車身底盤、建造車體，包辦所有烤漆、修繕、座椅的製作。若干分廠負責生產座墊、彈簧、密閉車體。所有分廠一概以同樣的制度運作，利用同樣的標準工具，以同樣的方式造車。它們總共提供了兩萬六千人的工作機會。

近來我們設計出一種新型的裝配廠構造，目前所有的新廠都是根據這些規格而建。這種建築結構只有一層樓高，輸送帶的設計安排使得卡車貨載和處理的工夫全免了。這種一層樓的新設計，效率無以倫比；不必多僱人手，生產即可大大增加。例如芝加哥廠，任何必須利用卡車運送的原料最遠的載距只有二十呎，也就是從進貨貨車到第一個輸送帶的距離。送到輸送帶之後，將零件裝組為成車的裝配流程就完全機械化了。

新廠的位置大抵取決於它動力能源的成本，以及製造、運送貨物到某地的價格。每個零件只要在運費上能省下一分一毫，往往就決定了工廠的位置。由於聖保羅廠的運費比它東邊的任何工廠為低，因此美國密西西比河以西的分廠一概由聖保羅廠供應，也因為如此，所有無法在別處以低於運費優勢的成本製造的零件，都在聖保羅廠製造。汽車的不同零件分屬不同的貨載類別，而每一類的費率各異。一箱分級為第五類的零件中若有一個第一級的零件，或許整箱都得以第一級的費率計費。包裝和運送都以經濟為著眼。零件機械化的程度，有時候也會影響到它的類別。在這種情況下，為了享有較低運費的優勢，我們就只將零件部分機械化，其餘等到它到達目的地的分廠後再進行。

不過幾年前，七個遊覽車的車體就可以填滿一個三十六呎的標準貨櫃車。現在，車體被分解到各分廠裝配、完成，同樣尺寸的貨櫃竟然可以裝載一百三十個遊覽車的車體。換句話說，過去要用到十八個貨櫃的貨量，現在只用了一個。

福特所有已完工的存貨都在運送途中，大部分尚待加工的原料也是。我們的產量是八千輛一天，這表示諸多廠房所製造、運出的東西必須足夠製造八千輛完整的汽車。我們知道在某個時間內達到某個數量需要多少部機器、多少名員工，也知道如何因應季節性需求而無存貨過剩之虞。任何部門所積存的任何原料都以三十天的供應量為限，鼓風爐是例外——它積存的鐵礦石足敷整個冬天使用。一般部門的平均存貨是十天的供應量。

總廠和分廠之間的平均運輸時間是六．一六天，這表示總是有平均六天多的零件供應量在路上。我們稱之為「流通存貨」。如果生產速率是八千輛一天，正在路上的零件就足以製作四萬八千輛的完整汽車。因此，運輸和生產部門必須配合無間，確定所有零件必須同時到達分廠——任何一種螺絲釘缺貨，整個分廠的裝配線都可能為之停擺。一天之內任何時間，我們都要確定流通存貨的數量為何。

貨載數量的標準化簡化了協調的問題——我們有二十五台標準貨載車。例如，汽車前軸的標準貨載數量，是一台貨車剛好裝四百套。數量少而體積較小的零件，例如彈簧懸桿，向來是包在較大零件中一起運送，不過同樣也是標準化。這套制度是以享用最低分級費率為出發點。

而這套方法免除了填具出貨單的手續，出貨單早已印好，說明書則放在一個主要零件裡頭。唯有在特殊出貨的時候，才有必要指定數量。

貨品一旦起運，貨車車號就經由電話報知分廠。工廠的運輸部門追蹤所有的貨載，確定貨物不斷行進，直到抵達分廠範圍為止，接著由分廠負責庫存的運輸人員接收，一路監督到卸貨平台。我們對於一般的運輸流程不存絲毫僥倖之心；全美每個接駁點、貨運站都有人駐守，確定貨車不致延誤。運輸部門對於不同據點之間的精確運載時間非常清楚，如果貨車遲到超過一小時，會立刻通報總部。

從礦區的原料到裝上貨車的完工機械，目前一部車的生產週期大約是八十一小時，也就是三天九小時，不再是過去被我們視為破紀錄的十四天。冬季裡我們必須清點鐵礦石的儲量，其他零件、設備的儲量則由於不一而足的原因隨時清點。我們的生產週期一般不會超過五天。

茲舉一般的程序為例。假設福特森的碼頭在週一早晨八點鐘有一艘礦石船進港；從馬吉特開到這裡，大約需時四十八小時。船靠碼頭十分鐘後，貨載就沿著高線前進，成為鼓風爐備料的一部份。到了週二中午，礦石只剩下了鐵，與其他熔鐵爐中的鐵質混合後開始鑄模，接下來的五十五分鐘之內，一共要進行五十八種作業。下午三點鐘，完成的馬達已經測試完畢，裝上貨車後往分廠出發，等待裝配成完整的汽車。假設貨車預定在週三早晨八點鐘到達分廠送進裝配線，當天中午汽車便已完工上路，送往車主手中。如果這部馬達並不是送到分廠，而是在底特律地區直接送入裝配線，那麼汽車在週二下午五點之前就會交貨，而非週三中午。

這一切之所以實現，要拜工廠內部運輸、底特律－托雷多－鐵城鐵路線的開發、胭脂河的疏浚、以及福特發展自有船隻的水上運輸之賜。幾年前，胭脂河（流入底特律河，經由該河與大湖區相連）僅是一條曲折的淺流，寬度不過七十五到一百呎，只有九百噸的平底小貨船勉強靠得了工廠碼頭。當時大湖區汽船上的貨物必須先轉卸到胭脂河河口的貨船上再拖吊進來。現在，我們開了一條運河捷徑，將大湖區和轉彎道之間的距離由五哩減為三哩。運河及河流的水平面寬約三百呎，平均深度二十二呎，足以因應我們一切的需要。

自從挖浚工程完工後，我們建造了一個大湖區船隊，現在計有四艘船，其中名為「亨利•福特二世」、「班森•福特」的兩艘頗不尋常，因為它們以柴油引擎驅動，而且設計上不只能夠裝載最大量的礦石，同時可供應船上主管、水手第一流的旅店設備。這兩艘船的船長都是六百一十二呎，可以裝載一萬三千噸的煤炭或礦石。而和福特企業中的其他設計殊無二致，這些船隻也是以最少的人力為著眼，並且隨時保持一塵不染。例如引擎室不但貼上灰、白相間的磁磚，還有鍍鎳的鑲邊。主管和水手的臥室皆以硬木建造，沖澡間足夠所有人使用。暖氣以電力啟動，而所有的附屬機件，例如抽水馬達、絞盤、起貨機，也靠電力發動。這些船隻只用於大湖區，不過我們盡可能將分廠設在航行可達的水域範圍內。曼菲斯（Memphis）、聖保羅兩廠設在密西西比河沿岸；傑克森威爾（Jacksonville）廠設於聖約翰河邊，自己擁有供海上船隻停靠的船塢；芝加哥廠設在流入密西根湖的卡路梅河（Calumet River）邊；綠島（Green Island）廠設於特洛伊（譯註：Troy，紐約州一城），濱鄰哈德森河（Hudson River）與摩赫克河（Mohawk River）的交口，與紐澤西州的克爾尼廠以哈德森河上的船隻相銜接。船舶卸貨比貨車卸貨來得便宜，因此這樣的水上運輸不但比鐵路運輸快速，也更省錢。

而直接以汽船出航，行經五大湖及運河以支應諸多大西洋沿岸的工廠，例如維琴尼亞州的諾福克（Norfork）、佛羅里達州的傑克森威爾、路易斯安那州的紐奧良、德州的休士頓，勿寧是更上層樓的發展。這些船舶沿著海岸的運交速度和鐵路不相上下，而我們還多了一項優勢：這些船上設有特殊支架之類的東西，因此引擎和較大的零件無須裝入板條箱。我們先前將一部機器只做一樣事情的觀念應用於貨載車上，現在是運用於航海船舶上。

基於同一個理念的實踐，我們還組織了一支海洋船隊，以支應歐洲、南美洲、太平洋沿岸各分廠，其中一部份已經運作了一年多。這些船上的貨載採「散裝」的方式，因此除了省下許多貨載空間之外，光是裝箱作業每趟出海就可省下兩萬元左右。例如我們運到太平洋沿岸的兩趟船貨，比起鐵路運輸的方式來，可以省下七萬多元。目前海洋服務船隊共有五艘船，日後還會視需要添加。所有的輪船都用柴油引擎。跨越大西洋的船載多半是在紐澤西州的克爾尼以及維琴尼亞州的諾福克上貨，而一方面為了船隻的保養，一方面為了設立新廠，我們在賓州的柴斯特（Chester）買下了一個造船廠。

無論是航行於大海還是湖區的船隻，一概奉行福特的薪資和清潔政策，設備也以節省人力為原則。船上人員包括食宿在內（船上伙食甚好），月薪最低一百美元。這樣的薪資包括食宿算起來，要比陸上的工資高（理當如此）。我們付給船長和工程師的薪資，都和他們所肩負的職責相當。大體而言，我們的薪資要比別處付的最高薪水高得多，而我們就是靠這些薪資賺錢。說真的，整條船總共付出多少薪水並不重要，重要的是：你是否充分利用了如此大筆的投資，也就是船舶本身。

如果一條船為了卸貨、上貨而停滯在港口好幾個禮拜，損失或許比一年的總薪資還高。那些價值不高、不負責任的人不會關心船舶的遭遇，也不管船停在港口多久，可是福特的員工個個小心戒慎，確定船隻作業不斷運行。他們深知，要保住飯碗非這麼做不可，因為我們每一艘船無論置身於世界哪個地方都得按照排程作業，精準得跟鐵路火車一樣。我們隨時掌握每一艘船隻的行動，任何延誤都要解釋，所以我們的船隻極少靠港超過二十四小時的。

關於海洋運輸的經濟原則，有成千上百條可以講。對於貨運我們是新手，才剛開始坐收如此輕易可得的大筆節餘。節餘可以來自四面八方。陸地上有太多人以佣金、仲介費等有的沒的名目抽成；購置供應品時毫無科學理性的盤算；卸貨、上貨的方法和百年前大同小異；貨主的時間因素幾乎完全被忽略。海上作業和陸上作業的重要性是無分軒輊的，這從回收上可以看得出來。

現代企業，或曰現代生活，負擔不起緩慢運輸的代價。

第十一章 節約木材

試圖無中生有，是某種常見的社會改革家的理想。可惜他們不循正道而行。長期無中生有是不可能的，不過從往昔被視為無物的東西上得到一些價值確有可能。這就是我們努力節約木材的根由。我們盡可能少用木材。我們的產量雖不斷增長，使用的木材卻一年少於一年，可是依然為數不少，因此我們對於砍下的每一棵樹，都極盡利用之能事。我們把每一棵樹都視為木材，直到毫無木材的利用價值為止，接著將剩餘的木料視為化合物，分解成其他可供本企業使用的化合物。

我們不只節約木材，也節省木頭的運輸，因為我們只載運木頭，不載送綠林，也就是含有水分的木頭。不僅如此，我們只運載加工好的木材——完全準備好，隨時可送入裝配線的零件。而且我們不為廢料付運費；我們保留廢料，利用廢料來賺錢。

我們的努力始於六年前，當時規模甚小——這是我們起步的一貫作風。光是回收舊木材，我們每年已經省下將進一億呎的木頭——條板箱和包裝用的木材，我們向外購買的量只佔總用量的百分之零點四。我們的林場和鋸木廠發現，一棵樹其實無須浪費一枝一葉，更不必浪費一半以上（這在林業中頗為常見）。另外，我們還發現伐木不必是工資微薄的粗工。我們在此實施最低薪資的政策，而且不用一般的伐木工。為我們效力的，都是頭腦清醒、自尊自重的當地居民。

浪費是伐木業的傳統，而這就是工資如此之低，木材價格如此之高的原因。高聳的林木沒頭沒腦地被砍下，任由殘枝剩葉放在地上，當然容易招致森林大火。等到原木終於被送到鋸木廠，又無視於浪費與否，被切割為商用的木材尺寸。這個過程中有雙重的浪費：一是原木的浪費，一是木材成品的浪費，因為所謂的商用尺寸是根據慣例，而非實用。整個伐木工業缺乏協調。一個人只要用五呎木材，為什麼一定得買十呎厚的木板呢？為什麼條板箱不用最細小的木材製造，一定要用最粗大的呢？而最奇怪的一點是：為什麼大量使用木材、但需求尚未大到可以自行包辦伐木作業的消費者，一定要接受商用尺寸呢？他們起碼可以跟鋸木廠商量，將木材切割為特殊尺寸吧。而為什麼條板箱或包裝盒一旦用過，就只能視為廢物，只有砸碎、燒毀一途呢？

節約木材對森林很重要，對工廠亦然。比起以往，我們目前用在汽車上的木材少得多。我們竭盡一切可能以鐵代替木頭，純粹是為了節省木材。鐵的供應是取之不竭的，但木材不然，若以當前的消耗速率來看，美國的林木很難撐上五十年。而如果依照福特當前的運用方式，我們自己的供應輕易就可以撐上一百年。

還不是許多年前，我們看木頭就是木頭，不過基於厭惡浪費的心理，不久就開始研究，希望找出利用木頭的方法。我們將木材作業部門剩下的鋸木屑、廢木料燒毀當作燃料，表面上看，這似乎已將這些被視為廢料的東西利用到了極致，可是一如往例，我們不禁自問：「為什麼會有這麼多的廢木料待處理？」

做為問題的回覆，我們將所有以條板箱、包裝箱形式進入福特工廠的木材回收利用，購進大片林地，跨足伐木業、鋸木廠、木材蒸餾，最後更為了節省運輸，將底特律所有的木材作業部門撤除，遷到林場裡去。

首先來看工廠的木材回收。不過六年前，我們用來裝運的包裝盒、條板箱約有六百種不同尺寸。而今，在仔細研究裝運過程和包裝箱之後，我們只有十四種尺寸，並且針對每一種尺寸設計出標準的包裝方法。為了更進一步節約木頭，我們盡量使用粗麻袋和紙箱——紙箱是我們自己的紙廠以廢料製成的。在簡化尺寸以及使用麻袋、紙箱的規劃之下，我們現在所用的木材比起每日產量約是當今產能一半的時期，只需三分之一即可。

每個單位、分廠都嚴守一個規則：所有的條板箱和包裝箱必須小心開啟，以免損及木材。鐵撬不准使用，而如果進貨非常之重，我們有一種吊索設備，可將木箱的蓋子抓緊、拉開，不致傷及木材。所有的廢木料最後都要送回高地園區的木材回收部門，即使是老舊的鐵路貨櫃車、腐爛的原木、椿木都會送到這裡，因為它研發出了一種相當有趣的回收利用技術。

木材送來這裡的時候，各式各樣的尺寸、形狀都有，而且多半都帶有大小釘子。我們依重量將木材分為輕、重兩種。重型木材（直徑一、兩吋以上者）放在南邊的輸送帶上，輕型木材（半吋到一吋者）放在北邊的輸送帶上。

南邊輸送帶的活動門入口一進去，會看到一個普通的衝壓機聳立一旁，它上頭裝著幾個鋼製的切割工具，以四十五度角迎面而來。厚重的木板上若有彎曲的鐵釘，這時候要從輸送帶上取下交給作業員。將這些釘子以釘鎚扳直很花時間，但除非釘子被扳直，否則很難拔出，而除非將釘子拔出，否則這塊木板有很大的部分只有送進鼓風爐當燃料的份。這時作業員將木板送進衝壓機下，衝壓機立刻將木板附近的釘子拔去，乾淨俐落，其餘就是拔釘鎚或羊角榔頭的工作了。嚴重瑕疵去除後，整塊木板就此得救，可以在鋸工、再度加工、刨面後做成箱子的尺寸。

進入北邊輸送帶的輕型木板由一個較小的衝壓機做同樣的處理。輕型木板多半不需額外處理，只要繼續送到建造木箱的地點即可，因為上頭齊短的釘子一點也不會妨礙它的用途。萬一碰到需將所有釘子拔出的情況，我們也有個簡單的工具可用。這是個鉤子形狀的扁長鋼製工具，五吋寬、四分之一吋厚，藉由長柄緊緊扣在桌面上，鉤子尾巴朝上彎。如果將它當成真正的鉤子看，它就有如倒鉤一樣，底部伸出約一吋長的幾個尖齒。拿個鐵鎚敲幾下，釘子就鬆開了。拿木板穿越尖齒，釘子的頭會卡在各尖齒之間，輕輕往上一抬，釘子就一次十支八支地從尖齒當中掉落下來。完全清理乾淨後，木材繼續行進到鋸木工人的工作桌上，等待切割成標準的厚度、寬度和長度。在鋸木作業進行的同時，有瑕疵的木板要從完好的木板中挑出。一批木材當中，常會找到不少長形的木板。這些木板的表面往往嚴重破損，而且總是太厚，無法供木箱工廠使用。這樣的木板要放在帶鋸上切割兩次厚度，出來後的標準厚度的木板再放在刨木機上，等著以新面貌出現。

木材不斷沿著輸送帶繼續行進，最後被裁成可供木箱工廠使用的尺寸，至此大功告成。其餘適合做楔子、木塊、墊子的木材則經由其他輸送帶一一送到其他部門。

輸送帶上殘留的東西繼續行進到一個斜槽，下面有個處理鋸木屑的機器接著。木材處理過程所造成的鋸木屑被吸力吸到屋頂上的兩個收集器裡，那兒有個吹風機將它吹進一個粗大管道，通往鼓風爐室。

木箱工廠除了製作包裝箱的本份外，也無限供應特殊形狀的木條和楔子，以供水箱及發電機之類的汽車零件包裝、運輸之用，同時還供應線圈單位裝配線使用的細小木頭，以及整個組織都用得到的黏合木片。除此之外，只要有需要，該部門還可生產新的裝運用木材。

斷成一截截的重形木材可有多種用途。例如，裝載一百個馬達的標準貨載需要七百五十呎的重型木材，以做包裝、支撐之用。這需要許多塊木板，而且尺寸一定要剛好八呎六吋長。我們設計了幾種接合的金屬片，就以這一截截的短木接合成大塊木板。

而這整個部門還有個耐人尋味的特色：許多人員是所謂低標準的人，無法做粗重、精確的工作。而在回收利用廢料的過程中，他們也有了利用價值。

我們的林業活動已經遠離伐木的範疇，並已發展成了大事業。一個追求廢物利用的目標竟然能夠讓我們涉足如此之深，這實在令人訝異，而它的成果也同樣驚人，因為只要切實利用它的副產品，幾乎不費分毫就能得到主要原料。什麼是主要產品，什麼是副產品，這其實很難說，我們在木材方面的經驗就是如此。為了不成為浪費木材的共犯——我們每天要用掉一百萬呎的木材——，除了肯德基州的十二萬畝林地外，我們又在密西根北部買下了將近五十萬畝。肯德基州的那塊林地至今尚待開發。附帶一提，我們買下的土地對它先前的地主來說多半都是賠錢的，原因是交通運輸有困難。可是我們一向樂於取得荒廢的地產，設法加以利用，一如開發鐵礦的例子。

原本這樁買賣是密西根土地暨鐵礦公司（Michigan Land & Iron Company）買下的一塊老舊政府用地，後來被一個英國財團買走，我們又從它手中買過來。大部分的林木坐落於交界地帶——雖然這裡的地產面積大，但種類繁雜且零落分散，其中還包括一大塊含有鐵質的土地。我們的第二筆買賣，是位於勒安斯（L'Anse）的七萬畝林地，其中包括一個大鋸木廠，三十間房屋，以及一條通往伐木區的窄軌鐵道。我們將這條幹道重建為標準軌，和主幹線相連接。同時我們又在勒安斯東方九哩處的潘夸明（Pequaming）小鎮購進了三萬畝，這也包括了一個現代化的鋸木廠，它有狀況極佳的船塢；外加兩條拖船、二十哩長的標準軌鐵道，以及整個潘夸明小鎮。這兩個城鎮都位於蘇必略湖基維諾灣（Keweenaw Bay）沿岸，有水運之便。

至於鐵山附近的工作中心，過去是個典型的北方木業、礦業城鎮，它曾經繁榮一時，但在該地區的林木伐盡之後已經沒落。在我們設立工廠之前，一個鐵礦場、一個鋸木廠是當地僅存的工業，許多商店、住宅人去樓空，整個城鎮已到了窮途末路。而現在，我們有五千名員工住在那裡，它儼然已成了一個新市鎮。關門已久的商店紛紛重新開張，年輕人不再往大城市跑——留在家鄉就可以賺到六元一天的工資。

換句話說，這整個地區已經起死回生，但這並非拜新發現之賜，而是因為妥善利用了原本就在手上卻被視為毫無價值的東西。

不妨重頭說起，跟著作業程序走。先從森林和林區開始說。我們不砍十二吋以下的樹，讓小樹有長大的機會，以供未來之用。我們的伐木工具是一種以石油小馬達發動的帶鋸，這種帶鋸可以在四十秒之內砍下一棵直徑二十六吋的大樹，是手工所需時間的二十分之一。另外，我們砍樹盡可能接近地表，如此可省下不少過去餘留在殘幹上的木材。

森林破壞的最大元兇是森林火災，而火災往往是因為堆積的殘枝敗葉所致——伐木作業後留下的乾枝椏和枯樹幹。我們的伐木工一待樹倒就將剩葉殘枝燒毀，雖然那些老伐木工人言之鑿鑿，說鮮綠的枝葉不可能燒毀。但這卻是目前為止最好的火災防治方法。大自然自會供應第二批林木，只要給它機會。燒毀每千呎枝葉的成本是一塊兩毛五，可是將原木滑運出樹林變得容易許多，等於賺回七毛五，淨成本只有五毛錢——這對防範火災和加速幼苗生長的效果來說花費並不算多。

我們幾乎全盤使用曳引機。在希德諾（Sidnaw）林區，曳引機比馬匹的效率高出六倍，每天的載量多兩倍，來回趟數多三倍。這些曳引機上通常都裝有爬坡機，一種在雪地中效率極高的設備。雪橇以特寬的軌轍做成，曳引機就在這些軌轍中穿梭來往。軌轍每天晚上都結冰，由道路小組隨時負責修護。

在勒安斯和潘夸明，鐵路深入林間，將林區和鋸木廠或主幹道連接在一起。這裡已舖設了三十多哩的新軌，有些軌道是當時在拆除較為厚重的鐵軌時，由底特律－托雷多－鐵城鐵路線的設備回收來的。

伐木區的工寮和我們的工廠一樣乾淨。生活環境健康又衛生，雖然一些老伐木工對這個原則非常不以為然，不過年輕一輩的工人漸漸體會到它的好處。自來水、蒸氣暖氣、電燈，所有較大的工寮一應俱全，老舊的固定臥舖也被一一拆除。有些工寮還僱有管家，通常是某個伐木工人的太太，替大家鋪床、洗衣、縫補。工寮還有娛樂室或交誼廳，供工人閒暇時使用——大家漸漸明白，臥舖宿舍是睡覺的地方。電影和收音機帶來了幾年前還不可能的消遣娛樂。

我們付給伐木工人一天八小時六元的薪資，扣掉合理的伙食、住宿費，他們每天起碼有四元的淨得工資。這在林業界而言非常之高，尤其每年有七、八個月的工作保障。高薪資加上工作環境良好，各方好手莫不聞風而至。我們的薪資雖高，但伐木成本甚低。

原木經由鐵路或水路進到鐵山，就在這裡，我們獲得了本企業消弭浪費方面的最高成就。我們有好幾個鋸木廠，最大的一個就在鐵山，若以最高產能全速動工，一天可以砍伐三十萬呎的木材。

一九二四年元月，我們引進了一種新的鋸木方法，在這套新制度之下，浪費和廢料被縮減到微不足道的地步，使得先前所有符合經濟原則的紀錄相形見絀。在這套方法下，由原木上砍下的木板不經修邊，就可直接鋸成車體部分——在此之前，適於車體部分的木板必須先鋸成統一尺寸，加以分級後再以窯爐烘乾才能製作，如此製造出來的木板等於犧牲了原木上最幼嫩、最好的木頭，而如果原木長得歪七扭八或形狀不規則，廢棄的部分往往比得到的堪用木材還多。

而新做法是無論原木形狀為何，一律將原木以橫切面鋸成一片片的木板，連樹皮都留在上面。事實上，原木或木板的形狀無關緊要。接著將木板拿到繪圖桌上，在上頭畫出各種不同的形狀，直到這塊木板被劃得滿滿、畫到了樹皮為止。任何不規則之處，例如突出的殘幹，都要加以利用。繪圖人員不必為了避開樹瘤或樹癤而修剪木板，只要直接繞過這些部分即可。這個方法使得整塊木頭幾乎都得到了利用，廢料剩餘極少。接下來，將繪製好的部分從木板上以高速帶鋸鋸下。相較於原木被「匡正」、木板要經過修邊、磨邊的舊法來，我們現在可從原木中多得到兩成五到三成五的車體部分。除此之外，直徑四吋以下的枝幹也可以切割成車體零件（先前那些枝幹由於形狀不規則，只能當作燃料或蒸餾木料之用）。

據估計，和舊法比較起來，這套鋸木方法可以讓我們的森林壽命延長三分之一，或許綿延不絕也說不定——如果我們知道如何正確重新植林的話。目前的節餘大約是兩萬元一天。

木料一旦鋸好，就送進乾燥爐去。我們有五十二個乾燥爐。這些車體零件用的木料被裝在特製推車裡，每台推車可裝載一、一二二立方呎的木材。一個乾燥爐可容納三十六台推車，等於每個乾燥爐的總容量是四〇、三九二立方呎。乾燥爐隨時保持滿量，一台推車取出後，立即推入另一台。每台的載量都有精確紀錄，而且在溼度成分分析未顯示之前不能移開。青綠的木頭含有四成左右的水分，要等到含水量降到只有百分之七時才能移出乾燥爐。乾燥過程約需二十日，確切的時間則視木頭的氣孔構造密疏而定。過去木板要先行烘乾，然後再鋸成一塊塊，現在則是先鋸後乾燥，少了底部裂縫和翹曲的機率。適度乾燥所需的時間也縮減了十天左右。

平滑的木料要放在露天風乾。平滑的木料不該用於小型的車體組件；如果較小塊的木材同樣堅固，那麼以平滑木料切割成小型組件就是浪費。

依照伐木業過去的慣例，車體從青綠的新木上直接切割下來後再以乾燥爐烘乾是不可行的。據說這麼做會破裂、翹曲。我們並沒有這樣的問題。我們發現，這些據說是問題的問題是由於堆放方式不當以及蒸氣散佈不均勻所致。

將原木緊貼著地面砍下、以原木直接鋸成需要的形狀、改進乾燥爐作業，到目前為止讓我們省下了五成左右的木材。而今我們更上層樓，完全在鐵山自行生產木製零件，不但減少了廢木料和水的運輸，更進一步利用廢料。

鐵山的最大特色，是它有個與鋸木廠、乾燥爐、車體製造廠、木頭蒸餾廠協調良好的能源廠。我們得到的大量能源就是它的副產品。附帶一提，興建能源廠的時候是在嚴冬，溫度計的指針有時候比零下三十度還低。

將烘乾木材的乾燥爐加熱，需要每平方吋五磅壓力的蒸氣，而只要比加熱壓力多上一成的成本，就可以產生適於渦輪機操作的兩百二十五磅的蒸氣壓力。因此，我們先讓能源廠的鍋爐產生每平方吋兩百二十五磅的蒸氣，讓它通過渦輪機，在它一部份的能量被吸收後，渦輪機再

「流洩出」加熱用的低壓蒸氣，如此蒸氣等於一舉兩得既供應能源，又供應加熱之需。

能源廠有好幾點非比尋常的特色。它的熔爐設計，幾乎是可能用於燃料的東西都能燒——舉凡殘渣、鋸木屑、油品、瀝青或是煤灰粉末，無一不可燒。

能源廠的煙霧通過一個橫向管路，被送到木頭蒸餾廠的碳化和蒸餾部門。熱氣在蒸餾之前先用來烘乾木頭或用來進行某些化學過程，因此，往常被浪費掉的熱氣現在多半也得到了利用。橫向煙囪最粗的直徑是十呎，由這裡分枝為直徑九呎和五呎的管路，分別通往碳化部門和蒸餾部門。管子高出地面三十五呎，由鋼架塔撐持住。它以厚重的鋼板製成，並有氧化鎂和石綿的防火磚做為內裡，藉以隔離高熱。

除了得自蒸氣的能源外，我們還在兩哩外的梅諾米尼河（Menominee River）築起水壩，引進了九千匹馬力的能源動力。三架直立的水動渦輪機和發電機相連接。這是我們諸多較小能源廠中最好的一個，內鋪大理石，附件設備皆為鎳製。

車體加工廠倒是尋常可見——我們的東西極少是不尋常的。我們的成果來自協調，可是每一塊廢木頭、每一撮鋸木屑我們都省。工廠和辦公室一樣乾淨——我們所有的工廠都是這樣。

木材加工的最後一站是木頭蒸餾廠。我們選擇史塔福（Stafford Process）法，棄舊式的鍋爐法不用，因為鍋爐法需要多塊大尺寸的木材，而史塔福法的原料是任何含有纖維素的東西。鋸木屑、刨木屑、木條、樹皮、玉米梗、堅果殼、甚至稻草，都可以轉變為木炭和木炭的副產品。

蒸餾木頭的首要步驟，是將化學木料在熱池子裡洗去所有的泥沙、雜質，然後移到化學鋸木廠去。這個鋸木廠將所有堪用的木材回收利用，只將剩下的廢料，和從枝幹以及其他不堪使用的木材上鋸下的木塊混在一起，送往乾燥部門。那些細枝幼幹除了當燃料外，商業用途極微，化學部門卻能將這些被視為無用之物轉化為大量有價值的產品，因為即使把它當燃料用，運輸費用也太貴了。

木頭乾燥機是幾個長一百呎、直徑十呎的圓柱狀鍋身，內部有個通氣管，能源廠煙囪裡冒出的熱氣經由這個通氣管吹進來，而熱氣在順著通氣管而下之際，一路上經過柱壁散發出去，最後經過裡頭裝滿木料、環繞於外層的夾層往回流。這就是木頭乾燥過程中的逆流法，可將水分完全除去。乾燥機裝置在一個略為傾斜的斜面上，不斷轉動。乾燥完成的木頭離開鍋身時溫度高達華氏三百度，接著由一套鋪有石綿的輸送帶送到蒸餾器中，在那裡進入一個密閉不透氣的桶狀活門。

蒸餾器是個五十呎高、直徑十呎的鍋身，內部鋪有防火磚。蒸餾器在初次使用時，要先在內部起火，將襯裡的防火磚燒到華氏一千度的高溫。接著蒸餾器關上，由桶狀活門將乾燥的木頭送進來。靠防火磚保持的高熱驅使反應過程開始作用，產生了木醋酸和木炭，而這種反應作用所產生的高熱足以讓整個過程持續不輟，同時木頭堆緩緩朝蒸餾器的底部移動，一路將揮發物質驅散掉，最後到達底部的就是純木炭。接著將純木炭取出，移往另一個桶狀活門。

水蒸氣可以凝結，可是氣體不行。所有的氣體都進入一個氣體淨化器——其實是座五十呎的高塔——徹底將氣體中的雜質除去，可濃縮的部分以木醋酸的型態得到保留，其餘的則送進能源廠，等著當燃料焚燒。

木炭離開氣體淨化器的時候，從桶狀活門中落入一個氣密的輸送帶，送往一個轉動的冷卻水箱。這是一個直徑六呎的鍋身，上頭繞著一圈管道，水就在其中循環流動，將木炭冷卻下來。接著木炭從冷卻水箱進入一系列的調節機器，作用在於穩定它，以防它瞬間燃燒。接著是篩選，較大的炭塊被送入儲存桶，較小的顆粒被研磨成粉後進入木炭桶，供硬固燃料部門使用。這些粉末在摻入特殊的黏結劑之後，可凝固為燃料備用。所有硬固燃料的乾燥過程無一不是利用從能源廠管道中傳來的廢氣。

利用凝結器中得到的木醋酸，可以製成林林總總的副產品。頭一個步驟是將木醋酸移往蒸餾部門主要工作間的儲存桶，接著送入主蒸餾室，被分解為瀝青、甲醇、酸劑和輕油。

瀝青在進一步蒸餾之後，可以製出松脂、木餾油、浮選油，每一項都可供本企業利用。松脂用來密封電池、隔離線圈；木餾油是柱子、桿子、鐵軌枕木的保護劑，浮選油則用以採礦。

這群包含甲醇、酸劑在內的副產品，先以生石灰中和，接著送到蒸餾室，在那裡把酒精成分揮發掉，接著將石灰和乙酸混和，製成醋酸鈣。它以半流體狀態送入醋酸乾燥室，被桶狀的大氣乾燥機吹得半乾，最後再以大型捲帶狀乾燥機吹成固態。之後它被裝入碳酸儲存桶，再推到醋酸醚部門，與乙醇、硫酸混和後形成醋酸醚。製作車頂、座椅座墊用的皮革布料，需要大量的醋酸醚。

掉落的甲醇經過精煉，以純甲醇和丙酮的型態出現，可以用作溶劑或變性劑。其餘的油類拿來當燃料使用。

在這樣的處理之下，每一噸的廢木料可產生一百三十五磅的醋酸石灰，六十一加崙、純度達百分之八十二的甲醇，六百一十磅的木炭，十五加崙的瀝青、重油、輕油和木餾油，以及六百立方呎的氣體燃料。

而這些蒸餾下的產物，在我下筆之際，每天的回收價值化為鈔票計算，大約是一萬兩千元左右。

我們勢必還會走得更遠。這個國家的木材足夠所有人使用——只要我們學會如何運用。

第十二章

回歸鄉村工業

大企業紛紛建起高樓，可是在這些高樓裡工作的人有許多晚上必須回到破街陋室，這現象向來被視為理所當然。有鑑於此，許多善心人士反對大企業，因為在他們眼裡，大企業除了破街陋室外，別無其他意義。

只以利潤動機為動力的大企業，會使得這一切無可避免。它們的廠房集中於一處，要開門或關門全憑獲利好壞而定。在這種情況下，工人永遠沒有足夠的錢選擇自己的居所，同時由於缺乏交通工具，他們不是被迫住在步行可達工作地點的範圍內，就是將收入和精力的可觀部分花在搭乘擁擠的交通車上。在住屋方面，他們只有逆來順受。工商業界迷信集中廠房多久，不依循薪資動機多久，這種情況就會持續多久。

可是慈善的供屋機制並不是藥方。如果你將工資理論應用於住屋的建造上，很容易就能建造出品質良好的住屋，供有自尊的人以付得起的租金租用。而且屋主也可以得利——任何縝密規劃的行動都可以獲利；如果得不到任何利益，那麼這個計劃在基本上就是錯誤的。求助於慈善行為絕對是下策，因企業而導致的情況尤其如此。只要管理得當，企業可以照顧自己和所有與它相關的人。慈善只是將那些應該治療、可以治癒的傷疾遮蓋起來。

不過，大企業之所以集中廠房，並不是因為大企業的性質有集中的必要。真正的大企業不能只集中一地，因為除開其他林林總總的因素外，運輸費用就夠它望而卻步的了。大企業的市場必須無遠弗屆，但是將笨重產品運輸到遠地在今天來說並不划算，無論是待加工的半成品還是成品。不過幾年前，一般的觀念確實認為大企業應該集中於一地。

有些類似的企業，一向對社區的團體照顧有加。而大企業只是跟著小企業的腳步走，沒有人停下來深思：小企業和大企業除了規模大小之外，有沒有更重要的差異。有一種企業只顧著膨脹，結果變成臃腫不堪、尾大不掉，眾人看它是大企業，其實它只是一個飽受象皮病之苦的小企業。真正有存在價值的大企業會變得有力量，並不是外強中乾，空有規模而已。它是偉大、迅速、強壯的。任何真正以服務為職志的企業，在資源與力量方面勢必會雙雙增長——不過，這些資源和力量很可能會在當初讓它壯大的服務一旦中止後迅速萎縮。

而現在，將工廠建在大都市或是接近「勞工市場」的地方不但沒有任何道理，反而基於許多原因不該這麼做。在《我的生活與工作》一書中提過，福特當初在底特律的一棟小磚房中起家，幾年後搬遷到一棟較大的建築，但也在城市裡。之後面臨更大的擴張，我們遷往當時還算是底特律郊區的高地園，在那裡製造了多年的汽車。我們的成長非常迅速，擴張高地園完全是順應自然而行。接著我們買進的汽車零件比自己出產的更多，而雖然高地園已經成長為大廠，但它有很長的一段時間基本上只是個裝配工廠。直到我們達到了一天一千部汽車的產能，因而造成底特律的運輸系統大塞車，我們這才認真思索，有這麼大的一個廠房是否明智。

我們從好幾個方向來看這個問題。首先，將如此之大的薪資購買能力集中於單一地區，似乎不符整個企業的最佳利益，因為第一，購買我們產品的消費者都該享受到一些分散生產的利益；第二，我們的員工愈來愈多，開始受到了奸商的剝削。換句話說，福特的工人雖然賺到了錢，但並沒有得到對等的價值。

其次，員工人數太多，我們因此不得不安排排程，別讓太多人同時來上班或進出，否則無法供應交通。而工廠不斷有人來來去去對生產也不是好事。好幾年來，我們一直無法實施單一發薪日，因為單一發薪日無論對我們還是工人都普遍造成不便，對一般社區亦然。每個星期挑一天發出幾百萬元，勢必會讓各家商店屯積存貨，以因應發了薪水的人潮；而這一天每個人都有錢，不啻是招來各路不肖之徒，當地的銀行作業也造成困擾。對我們資方而言，不但需要一大筆發薪的人力資源，而即使是最順利的情況，等著發薪的工人也會損失好幾個工時。所以，我們現在分組發薪。工廠裡頭，總有些地方幾乎每個小時都在發薪。

我們已經克服了處理大批員工的困難，不過這還不夠。避免困難發生總比事後克服要好，而我們不但發現管理小工廠比較容易，最重要的是：小工廠的生產成本比較低。任何生產方法的改變若是導致了較高的成本——無論大眾表面上如何為之歡欣鼓舞——，只要成本增加，那就是壞事一樁。不過我們無須擔心這個，因為每一項值得的改變都會造成成本減低。

現在，我們不妨稍作回顧，談談整個生產理論和大企業的關聯，也談談為什麼和大城市漸離漸遠勢不可免。

管理不會發生在遠離產品數哩之外的辦公室大樓裡。管理要從產品本身開始，接著一步一步地回到根源。仰賴好的機器固然是好事，可是在工廠裡，除非一部機器的貢獻完全合乎預期、能夠做到當初要它做的工作，否則不值得給它一個空間。對於機器，絕不能敷衍馬虎。大家每每好談手工，好似它比機器要好，可是只要你用對機器，不但可達到千分之一吋的精密，甚至任何必要的精確度都能做到，而且從不失誤。如果有了一部機器或一堆機器之餘還需要手工作業，那是管理的過錯。

過去我們純粹視機器為機器——一種雇主所有、能用來為他賺錢的東西。現在，我們知道機器工具是種運用力量的方法。一個人拿榔頭敲東西，要比赤手空拳的力道更大——這人的力量由於榔頭把手的槓桿作用而添增了更多的力量，而榔頭的磨損也取代了他雙手的磨損。靠動力啟動的榔頭比手榔頭有力得多；它賦予更多的力量為使用它的人效力。因此，動力榔頭的操作員一天當中完成的工作遠多於一個用手榔頭的工人，不但為自己賺得更多的工資，而且製造出的產品更為低廉。

機器並不屬於購買它的人，也不屬於操作它的人；它是屬於大眾的，而唯有在工人和企業家利用它為大眾謀福利的時候，它才會對工人和企業家有利。唯有在它被用來製出價格低、品質佳、設計良好、能符合大眾需求的物品時，大眾才能受惠，而除非它有利於大眾，否則工人和物主不能藉由操作它、擁有它而得到利益。我們漸漸明白：一部機器有如公僕，唯有在它服務的時候才有用處。

一個擁有動力，並且透過若干部機器分配動力以完成某樣物品的地方就是一個工廠，而工廠亦然，唯有在它服務的時候才回收有望。這家工廠可以自行發電，在自家圍牆之內履行製造某樣產品的一切必要作業，也可以向外購買能源，只履行一部份的必要作業。它的選擇當然取決於它所採取的服務尺度。光說你從原料到成品一手包辦，這話其實毫無意義，除非這樣的過程在你掌控之下，產生的製品要比你在純裝配的情況下價格更低、品質更好。產品是唯一的主宰；換言之，當家做主的是群眾。確保群眾做主當家的權利，就是管理。

每個人都會純粹出於習慣，做許多無益之事。數年前，我們把完成的汽車拿到外面去「測試」，再拿回廠內裝箱、托運。那時認為測試是絕不可免的。事實上，如果每一個零件在流程進行之際都精確製造、切實檢驗，以這些零件裝配完成的機器勢必如出一轍，根本沒有最後測試的必要。每個從造幣廠出來的錢幣都一模一樣，根據福特系統出產的汽車亦當如是。

將零件組裝成汽車，引發了一個問題：這些零件應不應該出於同一個屋簷下。過去這對大廠而言似乎無可迴避，因此如果我們的主要工廠必須出產一種完全裝配好的產品，這麼做勢不可免。不過，既然我們已發現從頭到尾在一家工廠裝配純屬浪費，那麼在單一大工廠或一群小工廠中完成裝配就不見得必要了。

大家或多或少視為理所當然，認為工廠應該接近所謂的人力市場，因為大家也理所當然地以為，工業應該時斷時續。如果某個工廠不斷倒閉又開門，手邊隨時有一群有技術的待業人力可用，他們可以立刻投入作業，不必花錢訓練，也不耽擱工作，不亦省錢乎。而人力市場的意義，最起碼也意味著一座小城市或某個人口密集的地區。這樣的地區中，大部分的人視失業為家常便飯，自然難以發達，生活條件連達到像樣的健康標準都不可得。這個月有工資領、下個月就沒半毛錢的工人多半時候都可能債務纏身，不是欠雜貨店就是欠肉販、欠房東，這表示他的生活成本超過了合理的限度。一個因為無法付現必須賒帳才買得起東西的人，哪有討價還價的餘地。城市生活昂貴，因此稅負也重，土地價格也高。

因此，為了擺脫大城市的固定成本、在工業與農業之間尋求平衡，也為了將我們付出的工資所形成的購買力在福特顧客之間散佈得更廣，我們開始分散作業。

我們是七年前開始實驗鄉村工業的。當時我們在胭脂河廠北邊十幾哩的諾斯威爾（Northville）買下一家老舊工廠，整理成為活塞廠。胭脂河不過是條小溪，充其量只能算是小河，而雖然我們曾經計劃過要利用它的水力，不過現在也只能裝置一部渦輪機供應部分的電力。我們接收工廠時照章全收，並且從高地園調了三十五個製造工人和必要設備過來。我們的構想是從附近招人，不過起頭時必須找比較有經驗的工人，尤其在安裝機械方面。

我們將活塞製作分為二十一種作業，目前僱用員工三百人。在高地園廠製造的活塞成本一個是八分錢，我們以為夠低了。而現在，諾斯威爾每天出產十五萬個活塞，成本是三分五一個。

這只是全貌的一部分。現在來是談談比較重要的部分。所有的工人都住在工廠方圓數哩之內，每天開車來上班。許多人都有自己的農場或住屋——我們並沒有從農場中招人，只是將工業融入農牧。有個經營農場的人，本來就需要兩部卡車、一部牽引機、一台有蓋貨車。還有一人種植花卉，在太太的輔助下，他一季可淨收五百多元。任何人要請假照顧農場，我們一概准假，不過由於有機器輔助，這些農民離開工廠的時間短得驚人——他們一點也不願浪費時間，不願坐待不勞而獲。他們很有商業觀念，並不把自己當成孵蛋的母雞而自以為足。

現在，工廠已然邁入正軌，我們只從這附近招募工人，沒有一個人來自底特律。鄉村的變化令人刮目相看。在福特工資購買力的助長之下，商店變得更大更好，街道也經過修整，整個市鎮煥然一新。這是工資動機下定然會得到的成果之一。

數年前，胭脂河沿岸有許多人經營小工廠，不過等到我們在諾斯威爾開業時，只有南金（Nankin）還有一家麵粉廠在營業。河流的能源任其浪費，每個村落都在萎縮。技術好手為了較高的工資，離鄉背井到底特律去。就在這種情形下，我們將那條河買到手。

我們在離諾斯威爾數哩外的華特福（Waterford）設立了一個一層樓高的工廠，僱用五十個人製作測量儀器和尺規，供福特所有工廠的檢驗員檢測零件尺寸之用。水流穿過我們所建的一條地下隧道流經半哩而來，經過一個直接與電動發電機相連的渦輪機，就產生了四十七匹馬力的電力。一如福特每一個水力廠，這個渦輪機也放在工廠戶外的一個玻璃箱內，讓大眾見識到水的威力。

沿河往下走，是一個設在鳳凰城（Phoenix）的工廠，那裡的水流落差二十一呎，可產生一百匹馬力，雖然我們只用到二十七匹馬力。在這裡，我們利用福特森廠以及平巖廠（滬侖河（Huron River）上的另一個小工廠）的廢料，製造發電機的斷流器。這種工作很輕鬆，所以除了幾項作業和修護需要的機師之外，我們只僱用從附近村落找來的女工。在我此時下筆之際，這裡共有一百四十五個女工、九個男工。我們只希望僱用工廠方圓十哩內的人，雖然以後會在適當時機將這個範圍擴大。我們不收已婚婦女，除非她們的丈夫無法工作，而且年紀大的會比年輕女孩優先錄用，這純粹是因為年紀較大的女人通常比較難找工作。有個女人每天跋涉十五哩路來工作，幾乎從不缺席，她有個生病的丈夫，四個稚齡小孩。她一週工作五天、一天八小時，收入不但比過去她丈夫能夠工作的時候高，還有餘裕做家務。她除了家務之外別無其他技能，不過我們的工作並不需要太多的技術訓練。

在這個工廠裡，只要智力一般，沒有一樣事情是在一個禮拜之內學不會的。這裡約有三十個婦女兼而經營農場，她們隨時可以請假離開去照顧農場。四成的女工都有眷屬，大部分的工作就只是坐在輸送帶前，總共有十八種作業。這些女工每八小時便可製好八千九百個斷流器，必要時利用目前的人力、設備最多可出產一萬個。在高地園製作的成本是每個三分六，在這裡只有兩分八。那些女工似乎很喜歡這份工作——候補名單總是很長，而且除非要結婚了，沒有人會主動離開。女工的工資和男工相同；當然，這裡也實行一天最低六元的工資政策。

沿河再往下走是普里茅斯（Plymouth），一座老麵粉廠的所在。這裡的水流落差有十五呎半，可產生二十六匹馬力，工廠就用去十九匹。一開始它生產的是發電機的斷流器，不過後來轉移到鳳凰城去做，現在這家工廠出產的是製造汽車零件中用於銜接作業的小螺絲模。我們一天要用到四千個小螺絲模，這家工廠目前最高的出產量是兩千個，成本比起向外購買來要低上一成。不僅如此，由於我們利用上選的特殊鋼來製作螺絲模，因此壽命更長，等於省下更多。這裡僱用三十五個工人，出產四十種不同尺寸的螺絲模。一如福特所有的鄉村工業，我們不僱城市人；這些男工都是從農場、鄉村來的，而雖然不是個個有農場，但人人有菜園。有人的農場廣達十三畝，還有的擁有十七畝、二十二畝不等。

南金廠是福特最小的工廠。我們將這個屹立已有一百餘年的老麵粉廠買下改建成鉚釘工廠，同時保留了老廠的一切特色，只除了灰塵泥沙之外。它位於胭脂河的一條支流上，經過渦輪機可產生六十四馬力，目前我們用了三十。這個廠的機器完全自動化，只需要十一個人看顧。製造出來的零件非常之小，一天的產量用一輛腳踏車就可以載完，不過數目龐大，例如，機器在一天之內就可出產十二萬四千個線圈用的小鉚釘。所有的工人都住在附近，他們的住家就是由工廠供的電。比起過去同樣的零件在高地園製造，現在的生產成本低了一成五左右。

河流流經我農莊之處也築起了水壩，以供電給我的住家和農莊。我們在胭脂河沿岸總共有九處小小的水力能源廠，有朝一日會全部利用到，因為這樣的生產符合經濟原則。我們希望能找到方法，讓工業與農業達到它們應有的平衡點。

這些工廠的簿記和管理非常簡單。只要紀錄顯示出多少原料進貨、多少成品出產、僱用了多少人，所有需要知道的資料就盡在其中。如果廠小，紀錄的職責就落在管理人員身上，如果是僱用較多員工的廠房，管理人員會有助手幫忙紀錄（當然，助手的職責不只於此）。這些工廠沒有一個有辦公室或文書職員——沒有需要。這也省了一份開支。

有了自動化機械和普及的電力，將某些物品的生產拿回家中製作就不是異想天開了。這個世界曾經從家庭手工進展到工廠手工，接著又進展到工廠自動化，現在或許正要回歸到家庭自動化，誰知道呢？

秉持著將工廠融入鄉間的同一理念，我們在滬侖河上也有兩個水力發電廠。在第爾本二十哩外的平巖鎮，有個兼為鐵路橋樑的水壩，還有一個原本打算當玻璃工廠的小廠房，不過現已改裝為生產頭燈的工廠。這個鄉間小廠實行兩班制，平均僱用五百人，一個月可製作五十萬個頭燈。整個管理和辦公室作業由兩個人包辦。

在滬侖河上游二十哩處的皮其拉提（Ypsilanti），我們有個較大的水力廠，可以發電七百匹馬力。這個水壩以一個面積一千畝的湖泊為後盾，本身也可充當公路橋樑。

在俄亥俄州的漢密敦（Hamilton），我們利用水力發電機，掌控了五千匹左右的馬力。這個工廠的重要性日增一日，目前僱用員工兩萬五千人，已經脫離了鄉村工業之列。它生產方向盤和多種小零件；方向盤的生產已達一天一萬四千個，這要歸功於改良的機器和集中於單一作業的工作方法。這是它的必然結果。

另外，我們在哈德森河上的綠島還有個發電一萬匹馬力以上的大型電力發展廠，這裡的工廠僱用了一千人，都是從附近招募來的。我們發現將整個工廠置於同一屋簷下最為經濟，因此綠島廠的建築超過一千呎長。它藉著一條運河與底特律相接，藉著哈德森河與沿岸地區相連。

上面提到的都是廠房，除此之外，我們也有許多從事製造的分廠。其中最大的位於聖保羅，完成了一個由政府交辦的計劃案。大戰期間，為了將密西西比河聖保羅以上的水聚積起來，以供運載穀物和其他溯流而上的船隻航行，美國政府開始興建一座五百七十四呎長的水壩。水壩建好後，由於體認到該地的能源利用大有可為，因此在聖保羅水壩的尾端建起了發電廠的地基。

但這個發電計劃後來被束之高閣，直到政府將它租給了我們。這是福特事業研發的第二座公有發電廠——綠島廠也是政府建的。為了水壩的使用權，我們在這兩個廠都付出了可觀的租金。

這個水壩有一條市街那麼長，水流落差有三十四呎之高。在明尼亞波立斯（Minneapolis）的那一邊，有幾座水閘控制河上航行船隻的進出；在聖保羅這一邊，水流經過廣設於整個河流上游的「垃圾攔架」而流入發電廠。這些攔架將木頭、垃圾、冰塊擋住，以免它們跑到水車之類的機械裡去。垂直落差達三十四呎的水流以柵門控制，柵門則以油控的自動開關器控制，可以驅動四個直立水車，每個水車能量高達四千五百匹馬力，水車車輪直徑二十呎。水流聚積在一個三十三呎寬、挖空一千五百呎的平台之下，以一條寬廣水路和航行水道相連，如此一來，回流到水道的水不會產生高速，也就不至於阻擾航行。

處理水流的渦輪機位於主要發電機房那一層以下的二十八呎處，以垂直升降機直接和電動發電機相連。這些發電機都屬於六十週波、三相、一萬三千兩百伏特的規格。每個發電機直徑約二十呎，離地十八呎高，裝置在一個一百六十呎長、三十五呎寬、三十六呎高的機房內。所有的機械設備都塗上釉漆，並且鍍上一層鎳緣。地磚是紅色的，以黑色磁磚鑲邊。牆壁是壓面磚做的。幾扇大玻璃窗讓陽光流瀉進屋內，把房間照得通亮。廠房裡所有的傳動機件設備都在地下。

負責生產和裝配的是一棟一層樓的建築，長一千四百呎，寬六百呎，地板面積超過十九畝。兩個地下隧道從河邊一個六百五十呎的船塢通往廠房中央，它自道路底下將河流的貨載引進、送出，道路交通或自然景觀因此絲毫不受影響。更往南走是第三個隧道，從河流盡頭的蒸氣廠通往廠房之東，位於鐵軌旁的一個接收煤炭的平台。輸送帶上的煤炭經由這個隧道送到蒸氣廠，蒸氣及水流也經由它送到裝配廠區。

照明與發電用的電流從工廠中的一個分所發散出去。這個發電所是以鋼板和玻璃板做為隔間，完全密閉。它的馬達發電機從水力發電廠和蒸氣廠中提取能源——兩廠總共可供應兩萬八千匹馬力的電力。多餘的蒸氣經過隧道，被導入建築物的一個地下幫浦室，之後在這裡被轉換為熱水，並且以熱水的型態經由該廠的加熱系統抽出去。另一條熱水水道繞過建築延伸到簷槽後面，作為融化冰雪之用。

油漆和上釉部門的油料從户外的油庫中以唧筒抽出，通過止於建築物中央附近的水泥隧道中的管路，然後接上頭頂上的管路送達目的地。

洛杉磯的分廠生產車體之外，也製造多種比在聖保羅或底特律製造更便宜的零件。由於製造座墊，它一天要消耗十五畝或每年消耗四千五百畝從亞歷山那州以及皇帝谷（Imperial Valley）出產的棉花。將工資動機的利益與社區結合有多種方式，這又是一個例證。

福特在國內、國外的一切擴張，背後的原動力在在都是工資動機。它自然而然會導致較低的成本。而這一切也證明：隨時以造福人群為己念的大企業之所以必須到全國各地分散設廠，不僅是為了做到最低成本，也是為了將製造商品的利潤花在購買商品的消費者身上。

無論在哪裡，我們設立的工廠無一例外，不但提高了社區的購買力和生活水準，也使得福特在該社區中的規模更加擴大。

人不能期望依賴社區而生——人的生活必須融入社區。國外那些工資低落的國家比美國更值得關注——關於這個課題，我們會另闢一章討論。

第十三章
工資、工時與工資動機

政策上，我們是反對粗工重活的——我們不會把能夠加在機器上的重擔加在人的身上。粗重工作和努力工作不同；一個努力工作的人會有所生產，而粗重工作是人力當中生產力最低的一種。除了近乎藝術的手工品外，一個人不可能只憑雙手就過著優越的生活。管理階層的職責，就是將工作安排妥當，讓它產生能與高薪匹配的生產力。可是高工資要以工作意願做為開端。沒有工作意願，管理也無能為力。

不知何故，工資、工時、獲利和價格之間慢慢變得頗為混淆。混淆的原因多半要歸咎於某些不願工作的人——或許是金錢掮客，或許是經營者，或許是工人，也或許這三種人都在異想天開——希望不工作就能過活。幾乎所有的社會理論在剝開它煽情的糖衣之後，都只剩下一個希望不工作就能過活的公式。而就當前的真實世界而言，這些公式沒有一個行得通。它們只會帶來貧窮，因為毫無生產力可言。

擁有健康、強壯、技術的人，就是一位資本家。如果他將一己的健康、強壯、技術盡情發揮，就會成為「頭家」。如果他更進一步善加利用，就能成為頭家中的頭家，也就是業界的龍頭。

茲舉工資為例。失業的人是個沒有工作的顧客，他買不起東西。工資被壓低的人則是購買力減低的顧客，他也買不起東西。經濟不景氣是由於購買力積弱所致，而收入不穩定、不充足，會使得購買力更為低落。不景氣的藥方是購買力，而購買力的根源是工資。

美國要是依賴那些收入與工作所得毫不相干的人的購買力，那麼一刻也撐不下去。工作是美國的支柱。工作的證明是工資，而工資的效應是持續有工作可做。降低工資有如減抑工作，因為你減低了工作所憑藉的需求。

工資對企業而言，要比對勞工的意義更為重大。低工資毀滅企業，要比毀掉勞工更快得多。工資的多寡，端視工人討價還價的能力和資方的獨占力量孰高孰低而定，這個陳腐觀念至今依舊頑強屹立於企業界。在這種觀念之下，兩方都是輸家。在這種觀念之下，工會興起而開啟了組織的戰爭，杯葛、抵制、觀望都被拿來當成武器。要證實這種觀念的謬誤，只要看它的後果即可，無須更多的證明。然而老派管理者和老派勞工同樣的冥頑不靈，依舊對它深信不疑。他們都錯了。

我們必須讓大家明白：這種觀念除了證明這些人邏輯出了差錯之外，別無其他意義。過去的工資理論只是一個形容詞，代表某種曾經刺激大家去賺錢的強取豪奪精神。事實上，除非標準工資是根據所有與企業相關人士的精力、能力、品德來制定，否則絕無標準工資可言。標準工資是管理階層及企業能力的極限，這才是根本的事實。在提供資料以支持新的工資理論方面，管理者肩負的責任要比政治經濟學家更為重大。

企業即使產生了諸多利益，但如果其中不包括平穩而有利的工資標準，就不算是有生產力的企業。企業發放的紅利與付出的工資不成比例，有如頭重腳輕，有傾倒之虞。然而企業一旦將每一分錢的盈餘都當成工資，又有瀕臨絕跡的危險。

這種情境的三個要素是：管理者、員工、和企業。企業的永續經營勢必不可或忘：它為員工提供了勞動的管道，為大眾提供了商品及效用。

如果薪資增加是具有工資動機意識的管理所造成的結果，那才是正確的加薪。降低售價、提高工資，才是止息不景氣危機的正途。高售價、高工資對誰都沒好處——它只意味著所有的東西一概提高價碼而已——，而高工資、低售價則表示購買力增加，也就是顧客增加。降低工資並不是治療低消費的藥方——它只會降低潛在客户的人數，讓消費力更為低落。企業的目標之一，是創造客源、供應客源。只要找出大家需要什麼，以合理的成本製造，並且為它的製作付出夠高的工資好讓顧客買得起，如此才能創造客源。

不過，付出高工資並不是你希望付出就能付出的。工資高低與工人所要求的標準也無甚關連。它遠遠超過這些表象，必須追本溯源到企業本身的結構，以及企業創立之初所依據的理念。

被大家津津樂道的利潤動機，有許多層面是錯的。而所謂的工資動機，過去根本聞所未聞。然而這才是唯一重要的動機，因為它要求完整的服務，而當我們真正貢獻出了服務，利潤會不請自來。這是一種屬於現代的、新的動機，能夠基於大眾的福利而掌控所有的企業。

工資的問題並非始於勞工，反而是止於勞工。工資問題的開端，始於雇主的繪圖桌上。繪圖員（即雇主）在繪圖板上落筆之前，務必要知道自己想要什麼。他是希望創造一種能夠幫助人的東西，還是只想創造一種能夠賣給人的東西？這兩者之間有極大的分野。

如果你一開始就打算製造能夠幫助人的東西，那你得慢慢計劃、穩紮穩打、邊走邊試，直到你得到的東西符合你心目中的理想為止。唯有這時候，你製造的東西才算值得製造。

第二步是找出製造的方法。這是一件永無止盡的差事。你的設計（就商品而言）必須能夠以機器製造。製造奢侈品然後附加到售價當中，你就能付出高工資，但如果過去被視為奢侈品的東西現在可以低成本大量製造，那麼它就成了一件商品、一樣必需品——汽車正是如此。

如果我們下定決心要付出高工資，就可以找出使高工資成為最低工資的製造方法。我們會時時伏首於繪圖板上，從每個角度思索改善的方法與途徑——採購、製造、銷售、運輸——，如此才能壓低成本，如願付出高工資。

適當的價格並不是運輸成本的極限，適當的工資也不是一個工人願意接受的最低薪酬數字。適當的價格是一件物品在穩定供應情況下的最低價格，而適當的工資是雇主能夠持續付出的最高工資。雇主的智慧在這時候就成為關鍵。他必須創造顧客，而如果他是某樣商品的製造商，他的下屬員工就是他最好的顧客。福特企業有兩萬個一流顧客——他們都是直接領我們薪水袋的人；同時每天創造出更多的顧客——福特供應廠商所僱用的人，因為我們以工資付出的每一塊錢，就要付出兩塊錢向外採購原料、零件。這是一個不斷擴張的購買網；付出高工資的效果，猶如將石子扔進一池靜水。

而除非靠製造尋常物品為業的工人買得起他所製造的東西，否則沒有真正的繁榮可言。你自己的員工就是群眾的一分子。這本是個放諸四海皆準的原則，不過歐洲當前面對的一個難題是：大家並不指望讓工人購買他們所製造的東西。過去歐洲的產品幾乎全數外銷，幾乎不曾認真想過要開拓本國市場，這是歐洲的一大問題。

如果你降低工資，你只是將自己的顧客人數壓低而已。如果一家企業無法與帶給你富貴的員工共享富貴，不出多久，你會連可分享的富貴都沒有。這就是為什麼我們認為常常提高工資、絕不降低工資的企業才是好企業的原因。我們喜歡顧客多。

不過，購買人力和購買物品並無二致——你必須確定錢花得值得。如果你從一個工人身上回收的價值低於你所付出的工資，你就是幫助他降低工資，讓他更難維持生計。容許一個人敷衍塞責，就是對這人施以最大的傷害，這個道理淺顯不過。一個人做的工越少，他所創造的購買力就越低，也就表示想找他效力的人越少。

因此，世界上沒有「標準工資」這回事。根據生活標準而定的工資只會帶來破壞，因為它的言外之意是所有人都殊無二致，而且對自己的生活方式也毫無異議。幸好不是所有人都一模一樣，也幸好只有少數人今年願意過和去年一樣的日子。設定「足以維生的工資」對管理者和工人來說都是侮辱。我們並不知道適當的工資是什麼，或許永遠也不會知道，但可以確定的是：

試圖設定工資而罔顧事實，勢必會阻斷進步。這個世界從來不曾以工資動機的角度來看待企業——也就是看看高工資能夠做到什麼程度——，而除非我們在這方面獲得一些體驗，否則不可能深入了解工資。

貿易工會對生產的設限，在管理良善的企業中是絕不可能發生的。這些限制是針對不良的管理而發。如果一個老闆一心只想著利潤而不顧成本，就會以過高的價格賣出產品，付出的工資也勢必極低，因為他不知道自己需要什麼樣的員工。他既然拿自己的售價限制了自己的市場，那些替他效力的人為什麼不能也限制自己的努力呢？大家為什麼要替一個不會好好經營企業、不願付出適當薪資的老闆賣命呢？

福特一直在減少每單位產量所需僱用的人數。如果我們可以將工作或機器重做安排，好讓一個人做過去三人份的工作，我們當然會立刻付諸實行。可是這並不表示另外兩個人就得捲舖蓋走路。我們的員工沒有一個認為進步是工作機會的減低，因為每個人都知道，事實正好相反。我們知道進步會降低成本，因此市場得以擴張，繼而創造出更多的高薪工作。我們盡心努力，在每一樣工作上降低人力需求，無非是為更多人創造更多的工作機會。

貢獻服務，並非只是設計機器而已，管理也不只是處理人事而已。真正的服務是以低成本製造高檔貨品，以優渥的薪資僱用勞工，在有利潤的情況下從事製造、配銷。除非具備了達成這些目標的能力，否則沒有人能夠自稱為企業人。

效率和改良的方法會製造失業，這種觀念很危險，但極為普遍，而它之所以普遍，是因為許多人不斷將這種觀念灌輸給勞工，而且以此為業。這種觀念告訴你，世界上只有這麼多工作，所以你必須步步為營。職業煽動家堅稱效率會讓人少做事，會減少工作機會，會降低就業。他們說過去八人做的一個流程現在只要兩人做，那麼六個人就得捲舖蓋。

這個說法已經一再被證實謬誤；世界上再也找不到比福特更有效率的企業了。舉當前的英國為例。隨著英國的失業率攀升，製造工作的理論甚囂塵上。有人勸英國的舖磚工人，為了他失業的同業著想，他最好只舖比過去少一半的磚塊，如此一來，老闆就得把他失業的朋友找來舖另一半。這個善心的舖磚工人輕易就被說動而照做。他以為自己以一份工作創造了兩份工作，減輕了失業的困厄。

可是他並未創造工作，徒然增加失業罷了，因為他使得舖磚工作變得如此昂貴，幾乎沒有人蓋得起房子。他不但沒有為朋友創造工作，更可能因為「建築業不景氣」而丟了自己的飯碗。雖然英國求屋若渴，可是極少房子蓋得起來。勞工階級的房子根本沒蓋，就是因為舖磚工人不肯好好舖上一天的磚，造成房屋成本倍增，使得原本應該住進去的工人家庭無法負擔。任何服務打了折扣，都會減少機會。如果英國的舖磚工人果真為他的同業著想，就該在一天之內賣命工作，使房屋的建築成本降低；如此一來，既然英國需要便宜的住屋，當然需要更多的舖磚工人。

管理方面也適用完全一樣的原則。沒錯，我們看得很清楚，舖磚工人應該怎麼做，可是我們大談工人的責任，卻忘了談管理者的責任。沒錯，散漫的工人是散漫管理下的產物。發明不勞而獲這個美夢的並不是工人。工人只是雇主怎麼做，他就上行下效而已。

製造商用的是工人的勞力，卻盡量少付薪酬，賺的是大眾的錢，卻吝於將錢拿出，這種製造商和舖磚工人只舖能力所及一半的磚塊，有如五十步笑百步。

可是許多製造商打心底相信，他所付出的工資是該企業能夠負擔的極限。或許如此。可是除非你試過，否則沒有人知道自己的極限在哪裡。一九一五年，我們將平均兩元四角的工資提高為一天五元，這時我們的事業才真正開啟，因為那一天一來我們創造了許多購買福特車的顧客，二來發現節約竟然有這麼多的方法可行，因此不久就開始了降低售價的計劃。如果你替自己設定一項任務，你會驚異地發現，竟然有其他這麼多事情因為你做的這件事衍生出來。你就是不可能用廉價勞工製造出成本低、品質高的東西。你必須找到高手，才能壓低生產成本。

一個工人踏入福特大門後，除了每日工資絕不低於六元（當前福特的最低工資）外，我們別無固定的工資標準。我們之所以設定最低工資，是因為我們下定決心要付這麼多錢，目的是藉由降低成本以增加生意。我們一開始實施的最低工資是一日五元，後來發現可以再加一塊錢。不過我們沒有規定，什麼工作值多少錢。我們付的薪水因人而異，而六成以上的員工賺的錢都高於最低工資。

我們決定一天工作八小時，不是因為八小時是一天的三分之一，而是因為它正好是員工日復一日工作之下，服務品質最好的時段。福特企業之中，會在週日工作的唯有管家。有時候偏遠地區分廠的一些主管違反了週日工作的規定，我們都會要求解釋，而截至目前為止，我們發現他們沒有一個有充分理由得在週日工作。

和工資一樣，工作時數也是管理者的職責。

還要一點要強調的是：我們不容許任何人自認為屬於某種技術範疇，因此畫地自限，限制自己不得做這門技術以外的工作。我們有取之不盡的人才庫源，而我們也盡情取用。領我們薪水的人幾乎來自世界各國，而且涵蓋各行各業，從會計師、飛行員乃至於動物學家、刻銲版師傅，在在多有。

我們將新進員工安排在最需要他們的職位上，不見得要根據他們過去的訓練技能。我們當然希望讓這些人發揮所長而不致學非所用，因此只要他們願意填寫，我們都會準備一張索引卡片，紀錄每個員工過去的歷練，從這個紀錄中每每可以找到人才。例如，第爾本的麵粉廠開張的時候，第一批輾麵粉的師傅是從高地園派來的，而他們當初負責的是別的工作。管理第爾本高爾夫球場的那位經驗豐富的負責人，當初也是從工廠裡找來的。有一回我們需要一個工於浮雕的人才，索引卡片為我們找到了一個饒富天份的雕刻家，當時他正在鑽壓機部門服務。

我們不相信父權式的統治。當初我們將工資提高為五元一天時，必須對員工的生活方式稍做監督，因為許多人是在國外生長，不懂得讓自己的生活水準隨著升高的所得而提高。等到無須這麼做的時候，我們就完全取消了監督。

我們認為，一個人應該有足夠的儲蓄以渡過任何難關，不過有時疾病會讓積蓄一掃而空，這時我們就會安排貸款事宜。我們設有法律部門、房地產部門隨時待命，其實就是等著獻上任何合理的必要服務。

一九一九年，我們不得不在高地園跨足零售業，因為當時的房租和物價不斷高漲，工人不堪負荷。如果工人無法從豐厚的薪資中獲得等同的價值，那麼付出高薪似乎也無濟於事。初始我們只賣雜貨和藥品，而現在我們不但有肉舖、服裝店、鞋店，還兼賣燃料。我們總共有十家店舖，一年創下一千萬的營業額，物品價格平均低於市價四分之一。商店顧客只限於福特的員工和主管，基本上採取付現取貨的原則。我們只出售上好的貨品，有些是從自己的事業中取得的。例如，很多麵包是用自己種、自己磨的麵粉製成的。煤炭、焦炭、硬固燃料，全都來自我們的產業。

讓員工分享企業一定程度的利潤，在安排上出現許多困難。我們設計的一種投資證券似乎還行得通。這些證券面額一律一百元，不可轉讓，員工可以分期付款的方式購買，保證有百分之六的回收，不過只要董事會決議，還可以更多。我們後來投票決定，回收率是百分之十四。員工的投資額總計高達兩千兩百萬元。

這些只是微枝末節——是工資之外的題外話。對於員工的服務，沒有任何東西能夠取代工資。付出最高工資是工資動機的必要條件，否則購買力的循環不可能啟動。

一個工人的工作一定要屬於重複性質，這是必要的，否則他無法以毫不費力的速度賺取高工資、創造低售價。我們有些工作確實極為單調，一如《我的生活與工作》中的描述，不過話說回來，許多人的心智也是極為單調的——許多人希望不用大腦就能賺取生計。對這些人來說，不需用腦是種福氣。我們也有許多工作需要敏捷的頭腦——我們不斷尋求有腦筋的人才——，而有腦筋的人不會長久待在單調工作的崗位上。

就我們多年的工廠經驗，我們並未發現單調的工作對工人有害。事實上，它似乎比不單調的工作產生更多的生理、心理健康。如果一個人不喜歡自己的工作，他會離開。一九一三年，高地園廠每個月的平均員工流動率是百分之三十一點九，一九一五年實施一天五元的最低工資後，陡降為百分之一點四。人力處處浮動的一九一九年，流動率曾經升高到百分之五點二，現在居於百分之二。胭脂河廠的六萬名員工當中，每天只有八十人的出入。目前的流動率多半是由於患病或行為不端、不斷犯規而被開除。

為了徹底實踐工資動機，社會必須擺脫那些不事生產的人。有健全組織的大企業，勢必需要重複性工作才能提供服務。這類工作不是社會之害，反而可使高齡人口、盲人、瘸子（跛足的人）進入生產行列，驅除老年和疾病的恐懼。它也可為那些心理不滿足於重複性工作的人提供更新、更好的位置。

我們需要的創新求變者是空前的多——不是更少。而這套制度是放諸四海皆準的，我們散佈於全球各地的工廠、分廠就是明證。下一章告訴你。

第十四章 能源的意義

在亞美尼亞，十台由慈善機構引進的福特曳引機在十一天內犁完了一千畝的地。這份工作本來需要一千頭牛外加五百個人才能辦到，可是他們無牛可用，人手也缺。

在法屬摩洛哥，巴爾巴爾人（譯註：Berbers，非洲北部一回教民族。）打穀的方法依舊是將小量穀子放在袋子裡，赤足在上面踩踏。如此這般，三個人一小時可以得到兩個普式耳（譯註：美國容量單位，約兩千兩百立方吋）的穀子。而借助曳引機當動力的打穀機，一小時可打下九十個普式耳的穀物；換句話說，機器一小時內就做完的工作，要一百三十五個人同時踩踏袋子一個鐘頭才能完成。

雖然擁有適於耕作的廣闊土地，蘇俄依然飢荒連連，因為它的農業人口始終以原始的方法耕作，因此除了因應一己所需，別無餘糧可供應城市，甚至緊急事故時也不足以救濟旱災肆虐的地區。而以它當前的情況，即使有餘糧生產也無法運送。當年蘇俄政府向我們求助，我們告訴他們，在購買曳引機之前要先買汽車，才能得到運輸之便。他們從善如流。後來他們也買了曳引機，目前有一萬六千到兩萬台的曳引機可用。據蘇俄的人估計，一台曳引機可以做一百頭牛和五十個人的工作。實際上的節餘更不只於此，因為光是養牛通常就得耗去收成穀物的一大部分。教導佃農操作機器並不難。蘇俄的年輕佃農對於農業機械，存著一種近乎浪漫的崇拜。英國官方測試曳引機，將所有因素都納入考量後，結果顯示，以曳引機耕種的成本只及以馬匹耕種的一半。

在希臘，曳引機目前也被用來振興農業。現在幾乎没有哪個國家没有曳引機的。而這一切代表什麼呢？歐洲、遠東、近東許多地方的佃農的窮苦，遠遠超過我們對貧窮的認知。我們最窮的「一窮二白的人」——就算是街上窮得理所當然的流浪漢——，擁有的物質與享受也比大部分的佃農要多。在美國，即使是不願意或是不懂得工作謀生的人，也絕不可能和那些佃農或苦力一樣窮。

這是因為美國利用了許多人為研發的動力，即使那些懶得出奇的人也難逃它的影響。說到這個，其實我們對於動力是當用而未用，目前只用了一小部份而已，而且即使是正在利用的能源也多半被糟蹋了。這一點稍後再談。

不過有一點非常明顯：美國比起其他任何國家來，每人使用的人為能源要高出許多倍。福特工廠的用量更多得多——這不但事關緊要，也很容易理解。可是更重要、卻令人費解的是：我們用在運輸方面的能源數倍於生產上的用量。我們不妨大方估計，美國用於工業的能源用量總共是五千萬匹馬力，而光是福特一家企業，截至一九二五年十二月一日為止，出產的汽車、曳引機就能產生二九二、〇〇七、〇三〇匹馬力。這些汽車、曳引機當然不可能全數都在運轉，不過起碼在八成以上，而除此之外，還得加上其他汽車、曳引機廠商出產的動力，以及鐵路方面的動力。

低廉、便捷的運輸，帶來的效果既深且遠。還是不久以前，一個資產一般的人從生到死，都不出誕生地的一百哩方圓之內，他的生活模式和他的父親沒有兩樣，和他前幾輩的祖先也殊無二致。今天全世界大部分地方依然如此，但美國不然。看看任何正在進行工程的大樓，外面停放的車輛車牌少說也來自五、六個州。旅行是最好的教育，這句話無可爭議，可是旅行在過去是有錢人的專利。而今，每個人都可以旅行，也常去旅行。所謂的州界毫無意義，州與州之間不可能打仗，因為美國沒有哪個州是遺世獨立、身分特殊、利益與眾不同的。美國不可能再打一次內戰。如果歐洲有低廉與便利的交通運輸，當前國與國之間的人為障礙很快就會消除，因為大家會視這些障礙為難以忍受的眼中釘。

因此，美國的改變幾乎完全繫於交通運輸，這就不足為奇了。鐵路打造了美國，因為它使得物品的交換變得輕鬆、方便，不過要破除所有的障礙還是得靠汽車，因為鐵路只能跟著鐵軌走，汽車卻無遠弗屆。美國不再有任何真正的獨立區域；除了幾處山區外，沒有一州或地域是與世隔絕的，而那些與世隔絕的人數比起整個人口來可說是微不足道。因此，大家的需求與日俱增，而過去十五年來的一般生活水準比起之前的長久歷史來，或許進步還更大些。

生活水準高可能是文明，也可能不是，我們很難下論斷。不過我們認為，以物質享受來衡量的文明應該表示一定程度的智識提高，因為沒有經濟自主，勢必沒有獨立思考可言。假如一個人每天要花十二個鐘頭追尋填飽肚子的麵包，他不會有太多餘暇從事清楚的思考。因此，暫且以我們投注於交通運輸的眾多動力資源當做即將邁入的新世紀的分水嶺，應該是自然而適當的。

汽車本身並不是一個物品；它只是一種利用能源的方式。而我們的文明（就它目前的像貌而言），就繫於低廉、便利的能源。

美國靠水力發電起家，可是利用水車只能處理極小的量，而且浪費的水力比用到的還多。蒸氣引擎這項發明也一樣。流動的水所產生的大好自然動力被棄置不顧，卻要去開發必須靠蒸氣引擎才能運作的煤炭能源。現在，我們已有能力將能源化為電力，以便宜、方便的方式輸送出去，因此無論多少的水力能源都能利用水流渦輪機來處理，在佔盡大量生產的一切優勢後，以電力的形式運送出去。我們已經知道，燒煤不只是為了產生熱能。它也是一種珍貴的化學品，熱能只是它的副產品之一。它的熱能可用來製造蒸氣，經過蒸氣渦輪機的作用，最後變成電能。後來我們有了內燃機，就是那種要以揮發油用於汽車、以重油用於柴油引擎的內燃機。我們當前擁有的能源種類空前的多，而且還在尋找更多的能源。原子能的利用目前我們還望塵莫及。我們四處尋覓，繼續尋求更多的動力能源。

浪費成性的小公立發電站已經退居集中式的動力廠之後。我們漸漸領悟到，人為研發的動力在政治、財政上被認為是管制、操控的工具，這種觀念是反社會的。財團認為發電廠是累積大量股票、證券的利器，認為它的回收有保證，但這些財團的手段不是透過服務大眾，而是透過公眾服務委員會授權下的專賣與獨占。對費率施行管制的美國公眾服務委員會，不應該和這些財團勢力同流合污。這些單位的唯一職責是看緊公有的能源公司，不准它們因為管理不善而走上自我毀滅，而繳稅養這些單位的正是我們這些平民百姓。資訊不全的改革家被精明狡獪的財經專家要弄於股掌之間，這裡又是一例。這些委員會是在改革者的命令下設立的，目的是拯救公眾服務企業的過高收費——好像大家付的費率真的過高似的。其實民眾很快就能逼使管理不善的企業改革，只要不買它的產品就好，因此這些單位表面上看是救了民眾，其實是救了那些企業，讓它們免於嚐到一己愚行的苦果。

因此，我們身處的情況是：公有的服務公司無論管理良善與否，保證依然屹立不搖。這和民眾利益是背道而馳的，因為你無法令這些企業服務人群，又無法令它關門大吉。企業應該任它自然沉沒或泅泳求生，這才符合公眾利益。沒有人應該擔心企業會受到壓制，因為服務不佳所帶來的毀滅比法律制裁還要快。幸好我們還看到一線希望：大家漸漸理解到，製造能源後必須便宜而便利地供應給群眾，才能賺到它真正的利益，而和這種利益相比，靠耍金錢手段得來的利潤只能算是蠅頭小利。

人為研發的能源，是物質文明的根源。只要一個人手上握有能源，很容易就能找到用途。機器是利用能源的方法之一，不過就像我們常將汽車單純視為汽車而不認為它是運用能源的一種方法一樣，我們也將機器視為機器，不將它視為是有效運用能源的方法。我們常說「機械時代」，事實上我們是邁入了「能源時代」，而能源時代之所以重要，在於它與它背後的工資動機被善加利用後，有能力增加生產、降低價格，讓每個人都擁有更多的世俗物資。自由之道、機會平等之道，這些空洞的詞彙要落實，都得透過能源來體現，機器的出現只是一個偶然而已。

機器的作用是將一個人由沉沉重軛下解放出來，是將他的活力釋放並轉移到智識、心靈的能力上，以期他在思想與更高尚的行為方面有所得。機器是一個人對一己環境遊刃有餘的象徵。

只要到其他地方看看，就知道地球上僅存的奴隸就是那些沒有機器可用的人類。我們看到男男女女將木材、石頭、水馱負在背上。我們看到工匠手忙腳亂地鎮日工作，長時間加上難以名狀的辛勞，成果卻微不足道。我們看到耗時費力的手工藝文化和它貧瘠的果實是如此地不成比例，令人悲憫。我們看到了難以置信的狹隘視野，低落的生活水準，貧窮與災難總是一線之隔，這種種情境都是因為那些人尚未領會到動力與方法的奧秘——也就是機器的奧秘。

為了卸下重負，以承擔更多的人生責任，人類訓練動物來馱負重擔。牛群、駱駝代表了人的心智與蠻力的結合。風帆讓人類從船槳的奴役中解放出來。騎上快馬奔馳，證明人類終於體會到時間對自己和相關事務的彌足珍貴。

人類是因此更受奴役，還是增加了自由？

確實，機器的主人有時候會利用它來宰制人類，而非解放人類。對於這種行為，社會向來不以為然，時時有人提出抗議。不過隨著機器的日漸普遍，過去曾經發生過的誤用已經得到有效的制止。正確而造福人群的機器運用，勢必會使得它的濫用變得無利可圖，甚至想濫用亦不可得。

這是福特對於機器意義的看法。可是機器的背後動力是能源，尤其是水力發電的能源。我們已有九座水力發電廠，其中兩座是從政府水壩擴充而來——換句話說，我們接收了這兩座水壩後加蓋了水力發電廠，將原本要浪費掉的能源儲存下來。目前我們正在加蓋福特森能源廠，很快就能生產五十萬匹馬力左右的動力。我們買下自己的煤田，以確保煤炭供應不致中輟——我們曾於一九二二年不得不關廠數日，使得數十萬員工無事可做，只因為礦場主人和礦工的控制者對於工資和工作條件沒有談攏。

這兩座從政府手中租來的水壩，分別位於聖保羅和綠島（這兩個廠在前一章中介紹過）。我們也曾投標另一座大廠，但國會一直未予回應。這座大廠就是力量灘（Muscle Shoals），一個可產生數十萬匹馬力的水力發電單位，是當初美國政府在戰時為了讓大氣中的氮氣固定而建。這座發電廠迄未完成，它代表了大筆金錢以及大量潛在能源（後者毋寧更重要）在美國這個需能源孔急的地區中即將付諸流水。我們對於力量灘的打算，在《我的生活與工作》一書中曾有鋪陳，不過後來我們退出投標，原因刊載在《柯里爾周刊》（*Collier's Weekly*）的一篇訪談報導中，訪問者正是與我合作本書的人。下面是我訪談的一些片段：

「兩年多前，福特參與了一項我們自認準備至為充分的投標案，但有關單位舉棋未定，遲遲不見確切行動。一件應該在一週內決定的單純商業事件，變成了一樁錯綜複雜的政治事件。我們並非從事政治，我們是企業中人。我們無意被捲入政治。」

我們對力量灘這個國家資產始終深感興趣，迄今依然。這關係到我們每個國民。關於力量灘，我秉持兩個主要原則。第一，它應該以一種複合式工業單位的型態來經營；第二，它應該生產硝酸鹽，和平時期當肥料用，戰時當軍火的基料。當然，生產硝酸鹽並不會耗盡能源；大半的能源還是用來從事一般生產。可是舉國對它虎視眈眈，將力量灘當成至為重要的國防資源看待。這事件竟然演變為一場政治球賽，殊為可歎。要讓它保持動力，打仗時隨時可變成備戰的國防能源，最好的辦法就是平時將它當作工業單位來經營。只要善加利用，它能夠供應南方所需的工業動力和設備。任由它受人擺佈，是絕大的錯誤。

我們在肯德基和西維琴尼亞兩州，總共有十六個礦場。幾年前我們初次接收第一座礦場時便已充分體認到，福特跨入了一個過去不甚了了甚至一無所知的行業。大部分地區的礦業工會組織強固，連最強勢的商業勢力也未曾有過立足之地。挖煤是福特最不進入情況的事業之一。我們的對策是付出標準工資，為礦工提供整年的工作機會，以「男子漢對男子漢」的坦誠基礎（也是我們唯一的運作基礎），來進行所有的工業行為。

首先，我們將礦坑和週遭環境清理乾淨——沒錯，礦坑也可以很乾淨。一些已不堪油漆的房屋，我們以新屋取而代之，還加蓋衛浴間。我們舖設了人行道、堅固的馬路，裝上路燈、蓋出娛樂中心，盡我們所知讓這些小鎮成為一流的住宅區。我們實施福特的一般工資標準，礦工賺的錢比其他礦區高出一倍。事實證明，這些礦工都是循規蹈矩的好夥伴——他們只是需要機會。而他們的遠景也更為光明——光是一個礦區，就有兩百人擁有自己的車。

在夏季，我們把煤運到湖的上游，將西北部工業所需的供應量儲存起來，如此一來，我們的礦場一年便得以運轉到頭。我們從來不需要因季節因素而縮減人力，也從未將工人從受薪名單中除名或減薪。我們會替一些工人找到清理礦坑、小鎮環境的差事，一些送去福特森廠區做工，等到礦區全面開工後再回來。煤產若有剩餘，一部份以自己的湖泊船隻運到西北部去，由福特經銷商以卡車接駁處理。不過剩餘並不多——再過不久，我們的工廠會用掉全部的產量。

挖煤工的窘境之一——其實也是所有行業的窘境——，是除非有他特長的工作出現，否則一直得坐冷板凳。福特每一個員工都不認為自己專屬於某樣工作；他隨時要準備接下某些或許聞所未聞的工作，只要有其必要。一個國家的國民認為自己只適於做礦工、工程師或機師，並非國家之福。每個人多學幾項技能會更好，一如一根弓弦有數根箭鏃備用。目前我們正打算在礦區附近設立一些工業活動以互換工作，最後大部分的能源動力都在礦區生產也說不定。

我們煤炭的成本確實比市價低，雖然我們在設計新的採礦法方面所為不多；我們只是盡可能利用機器，減少例行工作上的繁瑣程序而已。

我們常常可以買到賤價求售的煤炭，不過這些代表生產廠商會賠錢的煤炭我們並不想要——變成投機產品的一份子，這代價我們負擔不起。

至於用在福特森能源廠的煤炭，拜身為大企業之賜，我們有能力將煤炭當做化學物品來處理。它的衍生產品不但可用於本企業，剩餘的煤屑還可以燃燒。我們是高溫、低溫蒸餾法兩者兼用，雖然低溫蒸餾法還在起步。這些流程都是大家所熟知的——福特大部分的流程都是大家耳熟能詳的，流程如何組合才是關鍵——，而得到的成果是：送入能源廠時一噸成本五元的煤，製出的副產品可以極低的成本當汽鍋的燃料，因此得到極高的報酬率。經過長時間的研究，我們確定：想要以最經濟的方式來利用蒸氣就是透過渦輪機，福特森廠很快就會有八部渦輪機，每部可出產六二、五〇〇匹馬力。其中一些已經投入作業，而所有這八部渦輪機都是自製，一來是因為它們出於福特的設計，二來是因為自製的交貨比其他任何廠商所保證的交貨期都短。這些渦輪機的規格一模一樣，而它的發電機是諸多顯著的特色之一——和其他相同容量的機種比較，它的尺寸小了三分之一，而且是第一個完全使用雲母絶緣體的發電機。它和其他發電機所用的通風系統也迥然相異，可發出一三、二〇〇伏特的電流。

這些渦輪機每一部所產生的動力，和整座高地園能源廠的產能不相上下。

汽鍋設備包含八個附有熔爐的汽鍋，這些熔爐有兩個開口，以煤炭粉末和鼓風爐所產生的瓦斯作為燃料。瓦斯由熔爐底部附近進入，煤炭粉則由頂上二十五呎高的地方灌入，兩者數量比例極為嚴謹，再加上汽鍋的內部設計，使得瓦斯和煤炭在尚未到達汽鍋管道之前，便已加熱到最高溫度。氣體通過汽鍋管道後，經過過熱器而循環流動到汽鍋的頂部——汽鍋內部高達七十呎——，接著爬上八層高達三百三十三呎、供自然通風之用的磚製煙囪。

燃料由於本身的屬性，在過程中已完全燃燒，因此煙囪冒出的煤煙甚少。這個過程不但可產生最高的熱能，而且平均高達九成的熱氣可以轉換成水。這種燃燒過程還有一點甚為經濟：灰燼、熔渣極少，相較於一般燃燒煤炭的鍋爐，僅留下些許的殘餘而已。

汽鍋處於因充分燃燒而導致的高溫時，熔爐的爐壁很容易緊繃而破裂，維修成本因此升高。於是我們以鋼架從頂上將汽鍋撐住，不再採取直接接觸地基的方式，使這個問題得到了部分解決。

由於燃料在燃燒過程中充分混和，再加上將壓縮蒸氣（要摻入蒸餾水的成分）灌入汽鍋的做法，免除了汽鍋外殼剝落的麻煩，也使得汽鍋得以日以繼夜地連續作業六個月或經年，無須每兩個月左右就關閉一次。我們還有一種與該流程相配合的設備，能在緊急狀況下以瀝青和石油代替煤炭和瓦斯當作燃料。轉換的時候熔爐不必關閉也不必降低溫度，而且完全無礙於儀器的作業效率。

汽鍋室唯一使用的工具是一根火鏟、一個撥火棒、一把鐵橇，而且全都以鎳鍍面，放在玻璃箱內。整個汽鍋室內部被漆成深灰色，塗上絕緣琺瑯，作業員身穿白制服、頭戴工作帽。一個作業員負責照顧四座熔爐，他的職責是在適量的瓦斯灌入後調節煤炭送入的速度，以維持汽鍋裡的蒸氣壓力穩定。

產生的蒸氣以一平方吋兩百三十磅的壓力、華氏六百多度的高溫進入渦輪機內。渦輪機的鋼瓣沿著一個大輪軸的邊緣呈扇葉狀散開，蒸氣就頂著這些鋼瓣逆向而行。一如氣流頂著風扇使得扇葉旋轉，蒸氣也如此啟動了渦輪機的第一個迴轉軸。蒸氣從另一端離開時，本身的方向已然轉向，它這時順著迴旋的途徑，與渦輪機的輪軸反道而行，使得第二個輪軸的鋼瓣立即啟動。蒸氣的力量使第二個輪子往後迴轉，接著一排被緊緊固定住的鋼瓣或排氣噴管又使得蒸氣再度轉到正確位置，並且朝第二套鋼瓣逆向吹去。如此這般，蒸氣曲曲折折地行經十九個輪軸，這些輪軸構成了十五個循序擴散的階段，而蒸氣的壓力也漸次減低。為了處理擴散開來的蒸氣，每個階段的鋼瓣都比前一個階段要大——第一階段的鋼瓣只有三吋半，最後階段的長度則超過二十六吋。

在頂著渦輪鋼瓣而漸次減低壓力的過程中，蒸氣的力量可使渦輪機的迴輪軸一分鐘轉動一千兩百回。整個渦輪機和汽鍋的構造在某些方面確實非比尋常，不過這些差異屬於高度技術的範疇，此處不必多談。

不過，由於這種利用煤炭的方法比起過去我們用過的任何方法效率高出許多，我們目前正拆除過去深以為傲的高地園能源廠，同時在福特森能源廠也做了長足的改善——當初建造它的時候，原以為它已十全十美，不可能有改進的空間。或許十年之後，我們新的能源廠又過時了，到時候又得棄之如敝屣也不一定。

目前我們福特森和高地園兩廠的作業用不到五十萬馬力，不過不久之後兩廠會因為電氣化鐵路、電動熔爐之故，分別用到這個數量。這實在是非常便宜的能源。

如此低廉的能源其實是副產品，這個事實顯示出工業和週遭社區的關係是大有可為的。任何大型生產中心拿來當能源使用的煤炭，都可以同時用來供應住家的暖氣。換句話說，每一塊煤炭都可能做雙重的利用，一次用於工業用途，一次用於家庭用途。以卡車運到工廠的煤炭不但可完全滿足工廠之所需，還可從中淬取化學品、各種氣體、瀝青、柏油等成分。剩餘的焦炭是一種純燃料，可送往住家使用。

我們以極為經濟的方式，成功做到了這一點。這已不再是實驗了。數冬以來，我們已經普遍證明，不但煤炭可以做兩度的利用，焦炭亦可以低於正常業者甚多的價格賣給員工而獲取利潤。如果每個大工廠都將煤炭製成焦炭而使它有雙重用途，其他的節餘自會接踵而至，如此就避免了莫大的浪費。想到數十年來熔爐消耗掉的寶貴成分，想到它完全化為烏有、絲毫未被人類所用，新方法顯然發明得不夠早。現代化工廠不但能挽救煤炭中的成分，省下的原料可用來充實不計其數的作業，更好的是，福特工廠或許會變成公眾服務的機構。煤炭當前流行的用途是製造瓦斯，而瓦斯是種公用事業。直接生產過程中未被用掉的瓦斯，可以轉移給社區使用。自煤炭中提取、可充當肥料的成分，則可用於農場。

而這一切對於交通運輸或許也有影響。福特的大型工廠之所以經濟實惠，其實只是將基本原料做了更大的用途，而這些符於經濟原則的工廠愈來愈傾向於以電力的形式來利用能源。目前大城市的電力是用於照明和交通運輸上——這是電力在工廠之外的最大貢獻。城市裡有眾多人口搭乘電車來回上班。大家進入工廠工作時，顛峰用量可用來供應能源給工廠，而在上下班途中，顛峰用量則轉用於運輸系統。讓工廠在上下班時間之外將能源轉交給運輸系統使用，對工廠來說是易如反掌。

這些只是我腦海閃過的靈感點滴，但無一不可行，而且大部分已經落實。藉由這些作為，全國的產業可以對社區做更大的服務。以公共事業空前廣泛的意義來說，我們的大廠是有能力成為公共事業的。

這種連鎖利用能源的方式，代表了空前低廉的能源，低廉的能源若能善加利用，則代表了優質的服務和高度的繁榮。而這一切都可得自目前被視為廢物的東西！

第十五章

終身學習

一位波斯人來找福特職業學校的主任。就教育程度而言，這人屬於高等學歷。他得過好幾個學位，有歐洲的，也有美國的。他精通數種語言，剛從美國一所頂尖大學中完成四年的特殊訓練。他汲汲於教育，不是為了學歷本身，而是希望幫助波斯的同胞。他在離美返鄉之前到我們工廠造訪，因為我們旗下僱有許多波斯人。他臨走之際語帶悲傷地對主任說：

「我受的教育始於文字，也僅止於文字。現在我要回國了，但什麼也沒帶回去給我的同胞。」

他說的沒錯，他是一無所有。他所受的教育始終與生活脱節。他雖然學到許多本書的內容，可是並沒有學會如何改善他同胞的生活情況。除了將他學到的那些文字傳授給別人之外，他連如何賺錢謀生都不知道。他能做的，和一部留聲機相差無幾——而養一部留聲機比養他還來得省錢。可是他通過檢驗，還被蓋上「受過教育」的印章。而受過教育的目的是什麼呢？這是他對自己提出的問題。

我們贊同實利教育，可是絕不認同打著實利主義之名而行的冒牌實利教育。我們相信，一個人的首要之務是有能力賺錢養活自己，任何不符這個目的的教育都是無用的。其次，我們相信真正的教育不會讓一個人遠離工作，反而會讓他的心力放在工作上、會促進他思考，因此，不但能為他自己也能為他週遭的人謀得更好的生活。而冒牌的實利教育，往往只是在一大堆全然無用的雞毛蒜皮上做的零散訓練而已。

如果你訓練一個小孩，讓他以為只要稍一撒賴東西就會掉入懷裡；如果你訓練你的心智，讓它以為生命是上帝的恩典慈悲；如果你訓練一個男孩，不靠一己之力去創造、獲得他的所需，而是靠別人施惠，那麼你已埋下依賴的種子，心智和意願已然扭曲，生命已經不良於行。

我要特別強調「軟弱」這個面向，因為它太普遍了。有一種關於上帝的教誨是相當柔性的，它在無意中培養了大家的「軟弱」。毫無疑問，上帝是存在的，祂在一個不可見的空間中，當人類最誠心的努力有所欠缺時，會由祂來補圓。人類經驗似乎證明了這一點。人類的努力有時候似乎啟動了一種相對的能量，使得他們在關鍵時刻完成了一個過程，或是在看似逆境之下轉了一個彎而否極泰來。這在世世代代的人類經驗中似乎顯而易見，無甚懷疑的空間。

可是這個上帝並不是弱者的僕人，而是那些已經竭盡全力的人的僕人。他們或許一時軟弱無力，但他們持的理由不是「天生就弱」，而是「天生堅強，只是為了某個理想或任務而耗盡所有的力量」而弱。這時候，這個人類口中所稱的上帝會來幫助那些不遺餘力、只是一時泉枯源竭的強者，也就是扮演臨門一腳的角色。換句話說，這完全應了俗諺中早有的那句話：「天助自助者」。

我們認為，幫助自助者也是福特企業的責任之一，換句話說，維護工資動機是我們服務的一部份。我們認為所謂的慈善行為其實是一種自我貼金的卑劣行徑，之所以說它卑劣，是因為它表面上是扶助，其實是傷害。那些慈善家被視為仁慈、慷慨而受人敬仰，他們從中得到一種廉價的滿足感。這本來無可厚非，只是受施捨的人往往就被毀了——一旦你無緣無故給了什麼人一些東西，這人就會期待不勞而獲，希望別人給他更多的東西。

慈善行為會造就不事生產的人，而無論是窮是富，只要你偷懶打混就毫無二致，都是生產上的負擔。要抹除失業津貼對歐洲人民的影響，少說也要一代的時間。

因此，我們並不打算設立大學這類機構，它與我們知之甚詳的東西相去太遠。反之，我們孜孜於訓練男孩、男人，灌輸他們各種福特企業的實務做法和觀念，我們深信，這樣對他們最有好處。我們有更高遠的計劃，不過目前時機還不成熟。教導十六到二十歲之間的男孩是個嚴肅課題，因為他們和初長成的健康幼獸一樣，正要擔起重責大任。這是我們當前要做的事。

我們頭一個努力的方向，是幫助那些沒有機會幫助自己的男孩子。關於這方面的想法，《我的生活與工作》一書中有更詳盡的說明。我們於一九一六年十月開創了這所亨利・福特職業學校，招收孤兒、失怙的男生以及一些苦無機會學習一技之長遑論受教育的男人，因為他們賺的錢全都養家餬口去了。我們打算設立一所能夠自給自足的學校，同時讓入學學生賺取起碼和外面一些無未來可言的機構一樣多的薪資（即使沒有更多）。

目前我們有七百二十個男生，其中五十個是孤兒，三百個沒有父親，一百七十個是福特員工子弟，另外兩百人來自不一而足的背景。至今畢業生共四百名，多數都在本企業找到工作。這些男孩一進學校便可領一週七元兩毛的獎學金，之後逐步遞增到十八元，除此之外，每個月還可領兩塊錢的儲蓄金存進銀行，每天一份熱騰騰的午餐。他們平均一週的獎學津貼是十二塊錢，包括四星期的假期。我們發津貼給這些男生，是希望這些錢有助於他們自力更生，而在他們上學期間也可用以奉養寡母。目前入學的候補名單上有五千個名字。這所學校的管理打一開始就依據三個準則：一，男孩子就得被當成男孩子對待，不得令他們成為童工；二，學科教育和職業訓練齊頭並進；三，為了培養這些孩子的責任感，我們拿實際堪用的東西來訓練他們。做東西只是為了練習，沒有的事。

學校的課程分成兩部分：一週在教室上課，兩週在工廠實習。由於課堂所學和實務配合無間，學生很快就能把科目摸熟，比起大部分的教育機構來，所需時間往往短得多。整個高地園廠區就是他們的教科書和實驗室。數學課成了具體的工廠實務問題，地理和外銷業務緊密配合，而與冶金學課堂有關的東西，從鼓風爐乃至於熱處理部門，什麼都能夠實地觀察、鑽研。學科包括英文等一般課程、機械製圖、數學（包含三角）、物理、化學、冶金學、金屬組織學。工業課程除了將習自課堂的原理原則實際運用外，還包括一套完整訓練，讓學生熟習工具製作所使用的各種機器。

這些學生能夠製作數種福特零件、多種福特工具，以及一些極為精密的器具，例如精確度高達萬分之一吋的測量儀。福特銷售間裡常看到的圓角馬達，多半都是這些學生利用不合格的零件做出來的。所有在工廠裡完成的作品一旦通過檢驗，一概由福特汽車公司買下。這不但使得學校自給自足，更使得學生了解，他們身負的責任並不限於課堂之內。

大家都知道，一般男生對玩耍的興趣遠大於讀書、工作，因此我們鼓勵學生在學期間多多涉獵各種普通的運動和球類。學期當中，每一天都有一個鐘頭待在運動場上，還有專家指導。本校有足球隊、棒球隊、籃球隊，水準足以媲美本地其他學校的體育選手。每個星期五，大型體育館任由學生安排各種娛樂活動。

學生十八歲畢業的時候，已經習得一項高薪的專業技能，賺的錢足夠他繼續升學，只要他有這個意願。如果他不想升學，一身的技術也足以在任何地方謀得一份好差事，雖然福特汽車公司會先向他招手，給他第一份工作。由於每個男孩都是半工半讀完成學業的，畢業後不必覺得負有義務，非進福特服務不可。不過，事實上，大部分的畢業生都寧可留下來為本公司效力。

而我們千萬不要忘記：這所學校的學生獲選入學，不是因為他們聰明、前途有望。他們獲准入學，是因為需要金錢和機會。要不是我們，他們有些人會成為人渣。畢業生之中最大的只有二十五歲，可是有些人已經展露了與眾不同的長才。其中一個現在擔任領班的工作，還有好幾個是升遷有望的行政助理。而那些在工廠裡與機器為伍的男生也大多表現優異，升遷指日可待。而最重要的是：各部門的主管都很樂意找這些畢業生進來工作。

通常我們不收生理不適任的人，不過有幾個例外。我記得我們收了兩個罹患小兒麻痺的跛足學生。一旦學生入門，我們就會照顧他。舉個例子，有個男孩在街上被汽車撞傷，造成膝蓋嚴重病變。他動了好幾次手術，在福特醫院住了將近一年——不過並非以免費病人的身分。醫院讓他記帳，有朝一日他或許會付清。我們有個中菲混血兒的學生，就是因為醫院帳單而開始存錢的。這男孩逃家出走，一路打工到太平洋對岸，不知如何來到底特律，被警察找到。他聽說過福特企業，希望到這裡來工作。他算是一個特例，於是我們把他帶進技能學校。他不是好學生，而且不久就生病了。我們把他送進醫院，帳單累積到七十五元。這些帳單不會從學生的津貼內扣除，除非他們要求，可是這個少年是真心想付清帳單。他每個星期都會償還一些，等到欠款付清，他已經因為每週都存點錢在銀行而養成了儲蓄的習慣。這男孩最後還是退學了——他天生漂泊不定——，這時候銀行裡有五百四十元的存款。他來到底特律的時候，身上只有七毛五分錢。

學生在畢業四年後，一天的平均收入介於八、九元之間，換算成年薪就是兩千五百元左右。我相信，這比大學畢業生的平均薪資都高出許多。如果我們有意打破紀錄，就該採取不同的入學取捨標準，但我們志不在此；我們是為了幫助最需要幫助的人。

職業學校的學生畢業後，多半會繼續到另一所重要性與日俱增的學校就學，也就是我們的實習學校。對於工具製造的專家，本公司求才若渴。我們的生產機器的設計方向，是讓大部分的工作不到一天就能學會，不過為了讓機械保持良好的運作狀態，也為了建造新機器，我們需要大批手藝精良的機師。於是我們開設了這所實習學校，專收十八到三十歲的男性，訓練他們成為專業的「工具師傅」。課程是三年制，工廠裡任何人都可申請入學，只要年紀在三十歲以下。這所學校也是自給自足。實習學徒們在一個班頭、一個特別教練的指導下，一天有八小時埋首於工具間內，每星期還要上數學和機器製圖的課。在我下筆的此時此刻，該校共有一千七百人註冊，他們的平均工資是六元到七元六毛不等。每一分錢都是他們該賺的。

這種教育或許會被人歸類為實利主義，而它確實也是，不過它似乎並沒有讓這些男孩或男人遠離更高深的教育。教學終止後有不少人自然停止學習，這是人性使然，可是也有比例驚人的人繼續去上夜校，以吸取更多的普通和特殊教育。的確，因為要上夜校而申請調到日班的工人如許之多，我們只好規定，不得因為教育理由而將工人調到日班——只因為有些人希望在白天工作而其他人就得上夜班，似乎並不公平。

福特教育事業的第三個部分稱為「服務學校」，它的目的一來是訓練外國學生，以備調派到福特國外的分公司工作；二來也是更重要的目的是，將福特生產方法的觀念散播出去。我們沒有商業秘密。如果我們所作所為對於任何廠商有所助益，我們很希望他能蒙受其利，學到我們所擁有的知識。我們認為，這是福特的責任。

我們希望在每個國家都培育出一群核心員工，他們對現代的交通運輸、能源動力、拖吊作業等項目有充分的知識，對現代工業的生產原則和技術有深入的了解。

而為了讓學生打穩這種知識的根基，他必須在各部門間輪調工作。指導老師會在學生工作的時候造訪，觀察他的進展，詢問他工作的相關問題。要讓這套制度有效運作，部門主管的合作當然不可或缺，而至今為止他們也充分配合，令人非常滿意。學生這方勤懇而踏實的努力也是必要條件，而大體而言，學生們的表現可圈可點。

除非熟習了當前的工作，任何學生都不准調往其他部門。由於學生的背景迥然相異，對於各種生產流程的熟習無疑會產生不同程度的困難。不過幸賴學生的堅忍毅力，終究克服了這些難關，少有例外。

整個課程是兩年，學生每天可領六元的薪資——這是他們掙來的錢。目前我們有四百五十位學生，其中不乏大專畢業生，其中包括一百個華人、八十四個印度人、二十個墨西哥人、二十個義大利人、五十個菲律賓人、十二個捷克人、二十五個波斯人、以及二十五個波多黎各人。另外，還有許多蘇俄人、二十五個土耳其人、一群阿富汗人正待入學。中國人是最好的學生；他們動作慢，但是工作徹底，一絲不苟。我們的學生幾乎來自世界各國。適應力最差的是那些心存先入為主觀念的人，與國籍無關。這些人的進步自然困難而緩慢，不過我們還是盡力傳授他們最佳的工業實務，希望他們帶回給自己的同胞。我們相信，這麼做是以務實的方式解決國際問題。

第十六章
預防還是治療？

許多人把貧窮視為自然現象。其實，它是個非自然現象。在美國，貧窮存在得沒有道理。雖然不是每個人都有能力成為提供服務的企業總裁，就像不是每個人都能躍過五呎高的籬笆一樣，可是分工如此精細，而且不需技術的工作這麼多，每個人一定有謀生餬口的機會。若是要大家決定自己的方向，某些人注定會走上失敗。應該到工廠工作的農民少說也有好幾千個；對這些人來說，從事農務純然是浪費時間，因為他們欠缺管理的觀念。成千上萬努力工作才勉強溫飽可是從未享受到成功滋味的小企業主，如果受僱於大公司，很可能會找到自己的方向，因而平步青雲。話說回來，受到惡質工業制度的影響，企業界往往抱持著短視的利潤動機運作，提供的就業機會因此時斷時續，有時候還會因為高昂的售價嚇跑了買主。

對於上述種種情境，慈善行為全然無濟於事。慈善只是一種毒藥。男人、女人尤其孩童需要別人幫忙的迫切情況是有，可是這種情況看似不計其數，其實不然。事實上，慈善反而助長了這種情況也說不定，因為慈善行為讓那些人有了不勞而獲的期望。事實上，真正的需要可以用不傷及自尊的個案方式得到妥善處理，就跟慈善組織的機制一樣。我們或許無法教大家自助，可是我們可以指導他們如何自救，假以時日，效果自然會出現。

基於這種思維，我們盡所能規避任何含有慈善意味的行為。數年前，我們重新裝修了一家孤兒院，每星期我都會去看看狀況如何。我們聘來一些按理說對管理孤兒之家很在行的經理人。就條件來說，他們或許資格符合，但是孤兒的家該是什麼模樣，他們卻毫無觀念——他們似乎認為這種機構就是用來限制孩童活動的。為了孩童著想，我們終於全盤放棄，轉而替他們找尋寄養家庭。院裡最病弱的男孩被一位德國女士收養了去，而她本身已有六個小孩！

我們很少做贊助捐款，不過有時候也會認真考慮，最近一回的捐助對象是底特律的一所機構，而且善款金額不小。我兒子認為我們應該捐助一點東西，而我的建議是：

「我們有兩個選擇：捐一點錢出去然後把它拋在腦後，或是拿出很多錢取得管理權，設法讓這個機構自給自足。」

我們選擇了後者，因為效益較大。我們買下醫院是為了實驗，看一所醫院是否能夠既保有自尊又獨立自足。這所醫院的種種在《我的生活與人生》一書中已有描述。它和福特企業毫無關聯。我們擁有醫院完全的掌控權，是為了履踐一些我們相信能夠造福人群的理論。

醫院是公眾的必需品，這點毫無疑問。可是無論對醫藥界還是醫院管理，大家無不怨聲載道。大家普遍覺得，治療疾病、照顧病患、對健康人的指引，在在都該有更健全的基礎。目前全國的名醫會根據各醫院的優缺點來進行評等，可是很多人依然害怕上醫院看病，尤其害怕上公立醫院。

一個管理妥善的醫院為什麼不能在最好的條件下以既有的收費標準提供最好的醫療服務，一方面又有所獲利呢？在我們想來，這沒有什麼道理。

醫院的單位是病房。我們找了個工匠和幾塊壁板給選出的幾位主管，要他們設計出一間理想的病房和衛浴間——房間要有足夠的必要空間，但也絕不浪費。他們設計了一個房間，也就是一個單位。當時醫院大樓的設計，只是設計出可以容納病房的建築而已，再加上一些必要的附屬用品。現在這棟磚、石相間的建築，就是他們的成果。醫院開張沒多久，就因戰爭而中止營業。美國政府於一九一八年八月接收，收編為三十六號綜合醫院，於一九一九年十月歸還後，原先的規劃才得以繼續。

我們的規劃是這樣的。醫院員工，包括將近百位的各科醫生都由醫院支薪，不得在外私自開業。診療共分六科：醫藥、外科、婦產科、小兒科、實驗室和X光室，每一科的主管都是專業成就得到公認的醫生。剛開始，約翰霍普金斯醫學院的人佔了絕大多數，不過隨著醫院擴大，員工便不再由某個學校包辦。目前的醫生群裡，美加地區十五或二十所一流醫學院都有代表。大部分的醫生都由國內外的研究所畢業，其中好幾位還是英國皇家外科醫學院出身。

最開始，護士都是結業護士，受聘在醫院裡全時工作。她們拿的是福特薪資，一天八小時的最低工資是六塊錢。每個人負責四到六個病房，視患者的病況而定。所有的餐食都由特定的女僕打理，所以護士不必操心這種雜事。每間病房都附有盥洗室，裡頭除了熱水、冷水外還有冰水，毛巾隨時供應，不必要的護理步驟幾乎都已刪除殆盡，所以好好照顧自己份內的病患應該毫無困難。這裡的護士一天工作八小時而非一般的十二小時，沒有理由感到疲累或火氣旺盛。

去年，我們開辦了克蕾拉・福特護士之家和亨利・福特醫院的附屬護理學校，開始收實習護士。此舉背後的想法是：這門行業既以照顧病患為唯一目的，我們不妨藉由實務來訓練護士。為了達到這個目的，新的護士宿舍比一流旅館的設備還好得多。護理學校和教育大樓都設於醫院的土地上，不過和醫院有段距離。護士宿舍共有三百零九個房間，每個房間都有私人浴室，裝潢擺設都一式一樣。房間以中央入口或電梯為中心分成好幾組，每組都有自己的客廳和小廚房，讓大家有家的感覺。一樓的接待室連著八個小房間，那些年輕女孩可以在這裡接待朋友。餐廳、廚房、洗衣房、縫紉室、管路間設在地下室。大樓後面是個由左右雙翼延展出來，低於水平面的花園。讓護士在離開病房或教室後，進入一個完全不同的氛圍，是這整個宿舍環境的規劃目標。

而護理學校的建築，也和醫院及護士宿舍一致。這棟建築有兩層樓高，長寬各為一百二十呎及五十呎。除了教室和實驗室外，還有兩個回力球場、一個游泳池，一座健身體育館。

護士在醫院當班時，肩負的職責很重。無論是對護士還是對工廠的勞工和主管，我們秉持的政策完全相同：待遇好、工時短、工作設施完善、工作繁重。

醫院有住院部門，也有門診部門，而我們雖然願意和外面的醫生合作，不過這裡的員工嚴格限定只在本醫院活動、上班。費用已於事前訂定，依據的是診斷結果以及一套收費的標準。

新醫院的標準病房一天收費八元，包括膳食和護理。

醫院於一九一九下半年重新開張後，等待入院的候補名單有五百人之多，每個踏進大門的病人，無論是門診還是住院，都要經過抽血等徹底的身體檢查，如此才能根據充分的資訊而做出診斷。如果一般檢查發現了任何應該更深入檢查的情況，還會繼續進行X光和其他大家所熟知的醫學診療程序。身體檢查需時約兩個鐘頭，收費十五元。身體檢查絕不可免，因為醫院主管認為這是明智診斷的先決條件。

每個病人都有私密的空間。醫院規定，病人的隱私權絕對不得受到侵犯。除了負責的專業醫生、護士，或是病人願意接見而且病況許可之下的訪客外，任何人不得進入房間。病人就是病人，不是展示品。

有錢人上這家醫院就診，我們既不鼓勵也不反對。所有的病人都是依據預定的費率付費，而在醫院眼裡，所有的病人是一律平等的。費用得預先支付，不過任何需要醫藥或手術治療的人從來不曾被拒於門外過。我們總會想到辦法，讓病人既能保持自尊又付得出費用。我們認為，自尊是病人健康的一部份。

醫院目前還不能自給自足，假以時日，就快就能達到這個目標。不過我懷疑，如果一家醫院所有該做的研究都做，是否能變成完全地自給自足。有些事情必須付出人類一般珍視的東西做為代價。我們的首要目標不是讓醫院賺錢，而是賦予它履行功能的能力。任何因而得到的利潤都會回流到醫院。

我們似乎找到了若干醫院管理之道，可是擁有醫院之後，同樣的問題又逼面而來：「為什麼需要醫院？大多數的疾病難道不能預防嗎？」

這把我們帶入了更寬廣的課題。例如，食物。

要有健康，必須有正確的飲食。蜜蜂靠著精挑細選的食物來培養女王蜂，而食物對健康、性格、道德、心靈力量的影響，當前已成為一個重大而富挑戰性的課題。

醫學界漸漸了解到，疾病的根源出在食物上。目前這方面雖然還沒有很大的進展，不過據我了解，有些非常重要的研究已在進行。注意飲食的人不常生病，而對飲食漫不經心的人不是這裡病就是那裡痛。

最好的醫生似乎也同意，對於大部分的小恙，最好的治療不是藥物，而是飲食。那麼為什麼不一開始就防止疾病發生呢？所有的事實都指向一個結論：如果不當的飲食會導致疾病，那麼完美的飲食應可促進健康。既然如此，我們應該孜孜尋求完美的飲食，直到找著為止。這種飲食一旦找到，會是世界上最大的一個進步。

要找到這樣的食物，必須花點時間。也許當今世界上還沒有這種食物。它或許得由既存的食物當中製造出來，或許以既有的數種食物組合而成，也或許是一種有待進化的新植物。可以確定的是：這種食物終究會被找到。過去如果有人盡心盡力去找，這種食物早就找著了，不過我們是直到最近才慢慢了解，它是如許的重要。

整個食物的課題必須以企業的方法來進行。光靠科學單方面的努力，進展不會像把它當成企業的一部份來經營那麼迅速，腳步也不會那麼篤定。科學家和其他人殊無二致，同樣需要管理。科學發現本身是好事，可是除非它奠基於企業的基礎上，否則不會為世界帶來裨益。無論你指揮多少人，先給他們一個明確目標，假以時日他們一定會達到。不要事先詢問意見，問他們你的期望可不可能達到，因為你會聽到千百個理由，說為什麼這件事做不成。可是只要你說了你要什麼，同時不斷在這些人後面推動，提供一切必要的資源，這些人就會日以繼夜地對他們的問題念茲在茲，直到解決為止。這就是我們該對食物採取的方式。

總有一天，某個人會把我們帶入一個新境界，讓醫院的存在毫無必要。

第十七章
利用鐵路賺錢

我們擁有底特律—托雷多—鐵城這條鐵路已五年矣。這條鐵路曾經引發眾多討論，關於它的文章也不少，這是因為在我們接收之前，它曾歷經不下十二回的換主與重組。在我們買下之前，它没有任何賺錢的紀錄，換句話說，它從來没有替股東賺過錢。拜屢屢重組之賜，銀行家倒是賺了個飽。

但這條鐵路替福特賺了錢，而且要不是國會通過某個法案，將我們的投資報酬率限制在百分之六，利潤勢必還會更多。我們的服務之所以受到立法的侷限，一方面是拜那些資訊不足又不懂利潤真正功能的理論專家所賜，一方面則是因為有些人心知肚明，受到管制的企業是銀行家融資的必需品。

我們接收這條鐵路的時候，佔了以下這些優勢：

一、完全不受銀行家的掌控。

二、擁有源自福特企業本身的大量運輸需求。

三、和全國各大幹道之間有直接聯繫。過去這條鐵路也有這些聯繫，可是甚少利用。

而我們一開始居於這樣的弱勢：

一、全體員工士氣低落。

二、大眾和貨運業者冷眼旁觀。

三、鐵路構造搖搖欲倒，沒有起點也沒有終點。

四、路基幾乎不堪使用，所有的車廂和動力機制有如一堆廢鐵。

就在一團混亂中，我們接過手來。現在這條鐵路除了人力和管理外，其餘並非一流，不過一九二五年就賺進了兩百五十萬美元，約為當初買價的一半。

這樣的成果並非出於奇蹟。我們在平巖城和底特律之間新設了一條電動短幹線，但這條幹線至今尚未運作。就我們所知，這條短幹線屬於最高等級的水泥結構，電纜電線裝設於混凝土的拱門之內。這條捷徑屬於底特律和鐵城鐵路公司所有，而福特擁有該公司的股權。我們打算在這條路上建造多條短幹線，而且已經為此買下路權，但目前尚未付諸實行；原本打算舖設的重型軌還沒舖完，很多等級極差的東西尚待動手清除。我們應該重整道路，不過也還沒動工。我們只是為買進之際便在使用的設備添增了一些，就達到了目前的盈餘。我們只是將管理帶了進來。換句話說，我們：

一、將道路及其週遭的一切清理乾淨。
二、讓所有的設備保持良好狀況。
三、施行了我們自認爲適當的工資標準，同時要求拿多少錢做多少事。
四、摒去一切繁文縟節，廢除責任分工制。
五、無論對大眾、對效力的員工，一概開誠佈公。
六、一切改善措施，花的都是福特自己的錢。

管理這條鐵路的重點不在於它賺到多少錢，也不在於它如何招徠載貨、客源來自何處。重要的是我們揚棄了鐵路經營的許多慣例，以最直接的方式、遠低於過去的平均本益比讓它履行了功能，同時還付出美國最高的鐵路工資。這條鐵路現在做到了它過去忘了遵守的金科玉律，這比它賺取的利潤更了不起。

我們當初買下鐵路，並不是因為想擁有鐵路。涉足鐵路生意並非我們所願，純粹是因為這條鐵路阻礙了我們胭脂河廠的一些擴充。既然向鐵路公司買一小塊地就要這麼多錢，我們心想，乾脆買下整條鐵路比較便宜。而一旦買下鐵路，就得依據福特自有的管理法則來經營。當然，我們並不知道這些法則是否適用於鐵路管理，只是揣想應該可以，而後來發現確實可以。目前我們還沒有什麼大作為，等到鐵路整頓到符合我們的理想，或許就會令人刮目相看了。

早在買下鐵路之前，我們就把工廠設在底特律，而既然鐵路也位於底特律，照理說我們應該一如目前，一直是它的重要客户。我們投注在這條鐵路的錢遠非過去鐵路的舊主所能及，因為過去的它沒有信用額度，不過舊主照理說應該輕易就能利用既有的設施招徠更多生意、站穩腳根。事實上我們花的錢幾乎完全取自它本身的盈餘，口袋裡並沒有掏出多少。

以一九一四年財政年度的六月底來説，這條當時尚在舊主經營下的底特律—托雷多—鐵城路線，本益比高達百分之一百五十四，換句話説，它投下三分錢的成本，只賺回兩分錢。一九一三年，它的資本額是一哩路以一〇五、〇〇〇美元計算！這條鐵路到底籌了多少錢，誰也不清楚。在一九一四年的重組過程中，股東為了它的估價付出約莫五百萬元。我們就是以這個數目買下鐵路的，其實可以更低。我們自忖這個價格夠公平，而它也是我們唯一的出價。這個數字正好高於市價；我們付六毛錢買下一元面額的債券，雖然市場上有人以三毛到五毛的價錢叫賣卻沒有人要。這些債券形同無物。事實上，在我們購入之前，這家鐵路發行的債券從來没有為任何投資者賺過一毛錢。我們也買入普通股票和績優股，前者一元一股，後者五元一股。這些股票沒有市價，因為沒有買主。我們並不想佔便宜；為這些證券投的標，都是盡量合乎我們所估計的公平價格。我們認為，福特的管理經驗豐富，因此無論做什麼樣的投資，都足以讓它轉虧為盈。任何交易起碼都有兩面，我們不願付出太高，也反對付出太少。

接手鐵路後，第一步驟就是將福特的管理原則付諸實施。這些原則簡單至極，濃縮為三句話即可道盡：

一、以最直接的方式工作，不必費心於繁縟規章以及一般的權責分工。

二、付出優厚工資給所有的員工——一天絕不少於六元——員工得長期僱用，每週必須做滿四十八小時，工時不得延長。

三、所有機器一律保持最佳狀態並極力維護，處處堅持一塵不染，如此工人才會懂得要尊重工具、環境和自己。

由於使用經年、法律要求等林林總總的原因，鐵路的管理變得極為錯綜複雜。大型鐵路公司常以權責劃分為無數的小圈子，許多生產事業亦然。而福特汽車公司只有兩個部門：辦公室和工廠。我們沒有涇渭分明的權責劃分，員工的工作只要貫徹始終就好。我們將這樣的制度帶到鐵路上。

我們取消了員工之間的職責分工。一個工程師有可能負責清理引擎、汽車，甚至調到修護站工作也不一定。平交道的守護員可以充當範圍區內的軌轍巡查員，有時候列車長得替自己的車站修理、油漆。我們的觀念是：這群人既然受命來經營鐵路，只要他們願意，所有的工作都做得了。某方面的專家如果手邊有專長的工作待做就去做，沒有就從事體力工作，或是有什麼就做什麼。

我們取消了法律部門和文書部門所有的分支單位，將底特律的辦公室、所有的攬貨員，還有一大堆的行政主管裁撤一空。法律部門過去每年要花掉一萬八千元，現在只要一千二。將所有傷害索賠案件以公平為基、以事實為據立刻擺平，是我們的新原則。整個文書部門包括行政主管在內，共有九十人，執行主管分屬兩間辦公室，整個會計部門單獨設於一棟小建築內。四處巡邏的稽查員有任何發現，都需據實以報。誰也不會窺探誰，因為任何人都沒有專屬的工作可以窺探。這裡是唯工作是瞻，傳統靠邊站。這條鐵路過去有兩千七百名員工，業務承載量是五百零一萬噸，我們接手後立刻將人數裁到一千五百人。現在，它的業務載量是先前的兩倍，而包括大修護廠翻修老舊機器的機師在內，員工共計兩千三百九十人。

鐵路工會至今不曾提出任何異議，因為每個工人都拿優厚的待遇，遠超過工會制定的最高薪資。誰加入工會、誰沒加入，我們的管理階層並不清楚，而工會好似也不在乎，因為這條鐵路始終不曾涉入任何工資談判，也從未有過罷工的麻煩。

乾淨是我們計劃的一大環節。我們接手的頭一件事，就是將鐵道從頭到尾清理乾淨，重新油漆所有的建築。我們每年裝設大約三十萬支的新枕木，將過去六十磅重的軌轍替換成八十或九十磅。新舖的碎石子路絕對平直整齊，連邊緣也一樣。任何人不准在工作場所抽煙。我們翻修引擎，每一部花了四萬元左右的成本；事實上這些引擎有如重建，它們自工廠出爐後，簡直可以拿去參展。引擎非保持這樣不可。司機員的座廂內不准使用榔頭，以免引擎受傷。每趟送貨完畢，引擎必定清理乾淨。

給工人好的工具，新穎、耀目的工具，他就會學著去照顧它。除非處於乾淨的環境，並且有好的工具可用，否則一個人很難把工作做好。

這些都是基本觀念，是組成工作精神的元素，絕非無足輕重。這些觀念和工資同等重要。如果工作環境不能妥善安排，讓工人無法安心工作，他的工作成果就不可能得到工資的報酬。所有部門的庫房一概標準化、一律舖上水泥地，每個工具、每塊原料都排放在標準格架上，補充車每月來一次添補存貨。所有的建築和車站油漆不能脱落，而且要絕對的乾淨——車站、月台每天至少要掃三次。火車頭的清理目前由一部福特森廠設計的機器負責，不但省下三個人的人工，時間也比從前省了兩個半鐘頭。火車頭以及修護廠裡所有的機器都上了一層亮光漆，像汽車烤漆一樣。事務員的車廂總是清潔、舒適——負責煞車的韌手事前常會進來刷地板。

有人說，這條鐵路的員工手上永遠拿著一團廢棉布。那是這條鐵路的勳章。不過這團廢棉布用過之後並不丟棄；它會回到清洗廠，出來像新的一樣。任何廢渣我們都不丟棄，一絲一縷全都回到福特的回收利用廠。

常聽到鐵路工資的種種議論。福特諸多產業從未發生過工資上的爭議；我們的工資向來比工人的合理期望高出一些。根據福特的規定，一個普通工人進入鐵路公司後，前六十天的薪資是一天五元，之後就開始領六元一天的最低工資。

除了少數例外，目前營運鐵路的都是舊公司的人。我們不喜歡遣散員工。每當我們接收一個產業，原來的員工只要願意工作、能夠接受福特的管理理念，我們一律留任。無法與我們政策配合同步的人寥寥可數。我們會讓這幾個人離開，因為他們無一例外，要的是一份差事而非工作。

有個重要大站的列車長，十六歲初進鐵路公司時擔任部門助理，一小時只能拿一毛錢，而且常常三個月領不到工錢。他的父親是同一部門中的鐵路管理員，另外還有三個管理員、無數個工頭。現在，整個部門在這位列車長的掌理之下，一個管理員都沒有，只有幾個不必等上司指派便能自動自發工作的維修工頭。新法開始實施之際，這位列車長就對這些工頭說：

「你們看到哪裡需要裝上螺絲或枕木就自己去裝，不是比等著我跑來命令你們去裝更好？」

這些工頭曾經因為表現良好而加過薪。公司裡每個人的加薪都要看工作表現而定。所有的工頭都是工人；沒有哪個光是站在那裡吆來喝去的。要是你碰到一群人，你分不出誰是頭兒。我們完全以工作成果來評斷個人。例如，某部門裡有個永遠保持最佳狀態的年輕人——軌轍永遠正確，枕木狀況永遠良好，道床永遠平直，建築物的油漆永遠鮮亮。我們沒告訴這個年輕人，逕自給他加了薪。他第一次拿到新計的薪資支票時，跑去找他的主管。

「我的支票算錯了，」他說。

他的主管這才告訴他加薪的事，以及加薪的緣由。他隔壁部門的情況原本很糟，後來工頭聽說加薪的事情，就慢慢有了起色。我們發現，純粹以能力計酬是明智之舉，如果兩人做同樣的工作，一人表現優於另一人，要讓大家知道原因何在。因此，這裡鮮少有人要求加薪，大家都知道，只要增加了自己的價值就會拿到更多，光是要求是沒有用的。除了工作安全委員會之外，我們沒有申訴部門或其他委員會。每個人都知道，任何人都可以直接走進總管理處。出軌是所有鐵路的痛腳，在過去的舊法之下，挨罵的總是鐵軌檢查員。如今他們有機會找出真正的罪魁禍首，而我們發現，出軌甚少是鐵軌檢查員的錯。

剛開始，鐵路工人方面有點棘手。他們幾乎都是外國人，而我們發現，只要和工頭沾親帶故，就是找工作最好的證件。現在，親戚不准在同一處上班。有越來越多的高中畢業生加入了鐵路工的行列，不再光挑白領階級的工作。他們現在了解，勞力工作的環境也可以像模像樣，讓你有自尊。

修橋工人的例子尤其明顯。過去哪管工人住哪裡，只要招到人就好，所以那些人睡在骯髒的篷車裡，只有星期天回家，有時候還回不了家。現在，我們把道路分割為幾個五十哩的路段，各區工人都從各路段附近找來，快速的交通車保證讓他們每天回家過夜。這些人過去士氣低落，現在士氣大振。附帶一提，我們還因此省下七個廚師和伙食的錢。這些節餘都轉化為他們的薪資，而他們也有了真正的家。

我們沒有年資制度。這種制度對社會來說並不公平。一個人在崗位上服務很久，照理說會比新手要好；如果經驗只教會他投機摸魚，那麼為了公眾利益著想，新人理當後來居上。拜年資制度之賜，大部分鐵路公司的工程師往往是有年紀的人，我們旗下卻有許多年輕人。福特旗下的任何企業都不在乎年齡。我們要的是頂尖好手，無關年齡。取消制度有許多好處。一個六十八歲、從事鐵路工作已有三十年的調車場管理員說道：

「比方說，有個標示著『緊急』字樣的火車進了站，可是調車場裡沒有火車頭可調。在以前，如果我要求一個普通火車頭和它的人去換車，他們會叫我自己去，還說工作契約上沒有調車場換車這一條。而現在，任何火車只要有空都願意去。大家拿薪水是來工作的，不是來辯論規定的。」

這裡的鐵路工資不多不少付滿四十八小時，不能加班，也沒有任何零工。底特律—托雷多—鐵城鐵路公司的最低年薪是一、八七二美元，做滿兩千四百九十六個小時。根據州立商業協會對第一等鐵路公司所做的統計，一般部門主管不算在內，一九二三年鐵路員工的平均待遇為兩千五百八十四個小時領一、五八八美元。換句話說，底特律—托雷多—鐵城鐵路公司薪資最低的人每個月還比最高等鐵路線的平均薪資多拿二十五元。再舉幾種特定的工資為例。其他鐵路公司的貨運指揮員每年薪資介於三、〇八九與三、二四七美元之間，底特律—托雷多—鐵城鐵路公司領三、六〇〇至四、五〇〇美元；一般轫手薪資為二、三六八至二、五二三美元，底特律—托雷多—鐵城鐵路公司在二、一〇〇與二、八二〇美元之間；工程師的一般薪資是三、二四八至三、七五八美元，底特律—托雷多—鐵城鐵路公司為三、六〇〇至四、五〇〇美元。這條鐵路文書職員的平均時薪為八・一一美元，操作人員則是七・二六美元。

除了領取工資外，這條鐵路還有投資計畫。有投資的誘因是對的，一個人投資於自己所效力的公司，不但有額外的收入，他的工作還可加收利息，而美國文化備受撻伐之處，就在於不准大家做這樣的投資。如果工人在他熟悉的業務上有更多具體的工業投資機會，以一夕致富誘人的騙財勾當自會大大減低吸引力。

這個投資計畫始於一九二三年十月，到目前為止，我們的員工已經認購了六十萬元的證券，而且一半以上的員工都是投資者。他們可以拿工資去買證券，不過最高買額不得超過工資的三分之一，而且可以分期付款。利息沒有保證，不過如果員工必須退出，可以拿到百分之六的利息。基本上這是個依據鐵路法規制度而規劃的利潤共享計劃。

底特律—托雷多—鐵城鐵路公司的盈餘一部分來自福特汽車公司的事業，一部份得力於連線道路間拿到的更佳分級費率。過去鐵路的運載量不足，無法為它在全程托運中的部分爭取到分級費率，而且分到的費率常常低於實際的運輸成本。別人給什麼它只能接受。在我們的管理之下，費率的分級得到了公正、公平的修訂。營運本益比的數字可以看出最重要的訊息。一九二〇年還是舊主當家的時候，營運本益比是百分之一二五・四，換主管理後的第一年，雖然設備完全相同，本益比是百分之八三・八。一九二二年，我們投注不少金錢在修護作業上，相較於平均為百分之七九・三一的本益比，我們那年的數字是百分之八三・三。目前的比例約在百分之六十左右，比其他設備遠較我們為佳的美國鐵路線平均數字還低。

另一個我們強調而且在所有福特事業中貫徹實行的重點是：任何人都不准在星期天工作。

這不是個無足輕重的實驗。長久以來，美國的鐵路公司總是與員工或大眾對抗，有時候還同時與兩者對抗。這場戰爭拖得太久，以致於鐵路的目的被遺忘了。我是肯定私有制度的。我認為，企業實務不會因為時日一久就被套上光環。而在私有制度下，任何事業都可能經營成功，在付出高工資之餘還可提供低廉的服務。

第十八章
空中運輸

福特在諸多事業中加入飛機製造這一項是有原因的；身為馬達製造商，我們對馬達運輸的各個層面都有興趣。不過依照我們對生產製造的定義，到目前為止，我們尚未實際投入飛機製造。大體而言我們還在實驗階段，看是否能以管理汽車的相同技巧製造飛機，希望它能以低成本出產、以低售價賣出，好讓廣大的群眾信手可得，並且和汽車一樣操作簡易、安全可靠，沒有意外之虞。

我們的進度很慢——這是我們的一貫作風。除了同時研究多種模型外，我們還經營兩條從第爾本出發的航線，一條到克里福蘭，一條到芝加哥。這兩條航線除了運送郵件外，只承載福特自己的貨品，因為我們的本業是汽車，無意涉足空中運輸。然而，除非我們擁有自己能掌控的固定航班，否則很難得到必要的績效數據以從事適當生產。在對自己所作所為有十足把握之前，我們不能貿然投入生產，至於什麼時候會有把握，只有未來見分曉。不過，飛機的研發工作比起汽車來快速許多，因為當初我們是在不熟悉機械的情況下讓汽車問世的，而現在對於馬達驅動的機器，幾乎人人都略通一二。從汽車跨入飛機，這一步不像從馬車跨入汽車那麼大。我們不必苦口婆心教誨大眾，說空中交通運輸值得一試——大眾要的本是快速的交通運輸。目前唯一要做的，是以低成本提供安全的運輸，之後再去教育大眾，讓大家知道花俏的飛機和商用飛機截然不同，一如賽車用跑車和卡車南轅北轍一樣。

而一如駕駛賽車需要高度技巧，軍用飛機（由於戰爭之故，近年來大家的注意力都在軍用飛機上）在駕駛技術上也需要高度技巧。軍用機必須極為快速、靈活。飛行員必須知道如何俯衝、如何尾旋、如何脫困。軍用機的事故有九成都出在它的飛行員。

我們始終不曾研發戰鬥機種。雖然深知飛機在未來的軍事行動中勢必會扮演重要角色，但我們相信，研發戰時、平時皆可用的商用飛機才是最大的服務。只要懂得商用機的飛行技術，必要時出產軍機、找到適任的飛行員都不是難事。

不過，空中研究基本上不是我的工作，是我兒子艾德索，也就是福特汽車公司總裁的職責。頭一個對航空感到興趣的是他，而他花了很多工夫才讓我相信飛機有其商用特性。研究方向操在我兒子的手上。我這一代人創造汽車，飛機要留待下一代去創造，雖然飛機的進展速度比起汽車來快多了。

現在，我們擁有史道金屬飛機公司（Stout Metal Airplane），算是福特的子公司，它出產全金屬製的單翼飛機。除了第爾本的機場外，我們還有一座飛船的繫留塔、一個建造金屬飛機的工廠。該廠日前被火燒毀，目前正在搭建更新、更好的廠房。

當前我們的致力方向是飛機多於飛船，不過我們相信，這兩種飛行工具在航空界都有一席之地。飛機似乎適合快速運輸，而飛船適於重物承載。雖然目前什麼都不能斷定，不過我們的一般看法是，飛船會成為空中長程交通的主流，而飛機的角色則以供給為重。不過我們並不偏執於哪一種——無論哪一種，我們都希望盡量學習。

我們的基本原則是：飛機務必要發展到某個地步，讓它在空中撐得住自己（無論是財務上還是形體上），才能夠發揮商業用途。

全金屬的單翼飛機尤其吸引我們，因為它的結構簡單，可以納入生產。至於雙翼飛機，由於機翼構造、鋼條、木製支架之故非手工製造不可，而我們對手工製作興趣缺缺。而且，金屬飛機放在戶外，在任何氣候下都不會受損。

我們建造了一個兩百一十呎高的繫留塔——對飛船的興趣由此表露無遺。關於這種比空氣還輕的機器，我們目前所為甚少，這座塔台也尚未啟用。我們之前的主要實驗對象一直是重於空氣的機器。

我們從兩個基本層面著手：商用飛機務必要㈠在每一馬力的動力下達成最多的噸哩；㈡每天停留於空中的時間要儘可能的長。換句話說，每天在每一元的成本下飛行最多哩、載重最多噸的，就是最好的商用機。

以下是我們對飛機的期望，也是我們決心達到的目標：

一、結構百分之百可靠，不畏任何氣候、不怕火燒。

二、能源動力充分無虞，可能的話，最好以多引擎製成。

三、在不超過五分之三的最高馬力、滿載的情況下，每小時能以一百哩的速度於海平面上平行飛翔。

四、在飛機日益普遍、空中交通絡繹於途的情況下，位於前座的飛行員必須視野無礙，尤其在惡劣天候下。

五、每單位馬力的付費貨載起碼要四磅重，燃料可供六小時的飛行。

六、每天能夠在載物情況下運作二十個小時。

在真正從事商業飛行或開闢商用航線之前，必須符合兩個先決條件。第一，要研發出真正的飛機引擎，可能的話，無須電力點火而且可在空中冷卻。第二，導航儀器要百分之百可靠，或許是一套特別研製的無線電系統。這些都是我們當前努力的重點，要達到目標只是遲早問題。

我們航線的初航是在一九二五年四月，換句話說，我們已有一年多的飛行經驗，而這些飛機都是裝有「自由牌」（Liberty）引擎的全金屬飛機。這段期間內除了週日，我們每天都來回芝加哥一趟，航程超過兩百六十哩；來回克里福蘭一趟，航程一百二十七哩，每日飛行哩數共計七百七十四哩。我們從未發生過任何意外，也不曾有過一天的停飛，如果飛機未能分秒不差地抵達目的地，那絕對是例外。

我們每趟的載重量從一千到一千五百磅不等，平均為一千兩百磅左右，外加一百五十加侖的燃料、十四加侖的油料，通常還會多帶一位實習飛行員。有一回飛往克里福蘭的飛機上還裝載了一輛完整的福特車，車體車身五臟俱全。

就我們目前的經驗來看，要運輸成本不超越商業範圍的界線而提供快速、安全的服務，勿寧是可能的。

開啟航線之後的頭三個月，在載貨的情況下，我們從底特律飛到芝加哥的實際平均速度為每小時九十六哩，但接下來的兩個月由於惡劣天候影響，平均時速降至九十三哩，因為碰到的風向多半與航道逆向而行。另一個速度的障礙是：飛往芝加哥的飛機都是午夜十二點起飛，不但逆風飛行而且飛機回航時亦無順風可搭，因為夏風大約午後五點便已消逝，而飛機預計要到六點半才能抵達福特機場。不過，由於目前飛機裝設的只是一般引擎速度的普通「自由牌」引擎，我們認為這樣的紀錄已屬非凡，尤其整個營運期間內我們只有過一次螺旋槳停止旋轉而迫降的事件。目前每趟的有效貨載量可高達兩千七百磅。

現在，我們正在試驗有三個馬達的大型飛機，如此一個馬達壞了尚可保持在空中，不過對於一般商用的貨運航行或是近在咫尺的私人航機來說，單引擎已足以因應，除非要飛越山頭或是降機坪不敷使用的情況下。未來的商用客機或許都會用到三個馬達。

飛行設備閒置於地面不用有如負債，就像靜止不動的卡車、停靠碼頭的海洋輪船一樣。飛機的回收端視噸哩高低而定，每天必須盡可能在空中多做停留。就商業航線作業而言，空中每兩架飛機就得在地上有一架以上的飛機，這個要求其實並無必要，甚至二比一的比例都還有改進的空間。不過，唯有在能源機制及其他設施可以互通有無、操作者得以將故障的設備立刻換下而迅速讓飛機回到天空的情況下，這個比例才有改進的可能。我們製造的飛機零件或多或少都可以互換。基本上，它們在我們的設計下是可以互換的，一如福特的汽車零件。

航空事業的未來不在於販賣刺激給大眾，而是藉由企業服務的方式，將人們從一個地方載運到另一個地方。

空中航行還大有可為。

飛機很快就會成為我們生活的一部份。這代表什麼樣的意義，誰也不敢說。連汽車的意義何在，都有待我們去發掘。

第十九章
農業問題就是農業問題

農業是一種食品製造工業，還是一種生活方式？或者，它只是個茶餘飯後的閒聊話題？還有，什麼叫做農夫？每當我們提到農夫，語氣總像他們都出自同一個模子似的。而我們知道，事實並非如此。世上有種小麥的農夫，有種棉花的農夫，有養牛、養羊、養豬的牧農，有果農、酪農，而那種當今什麼都涉獵淺嚐的多方位農夫更是不在話下。

不過，這些人有一個共同點：他們都是某種工業的環節，而他們雖然依稀知道這是一門工業，但離充分領悟尚遠。

舊式農場和舊式的種植方法，可以說是自給自足。在過去那段機會稀少的日子裡，東西夠不夠填飽肚子、有沒有地方睡覺比什麼都重要，農夫哪敢指望賺錢。確實，他們連錢都不常看到。農場製造或養殖的東西如果還有剩餘，全都用來交換所需的物品去了。農場的傳承不是金錢，是活著。

如今，農場再也看不到紡車和手織機。農夫的衣服是買來的。農場不再與世隔絕——汽車、電話、收音機為他們解決了地域偏遠的問題。農夫走出他自給自足、非常個人的小小天地，進入工商業的偌大世界，而過去被農夫視為是極端奢侈品的金錢，在這個世界裡已是尋常可見的必需品。農夫開始希望自己工作賺來的錢，和工商界人士努力賺得的錢一樣多。農夫口口聲聲說自己比工商界人士更加辛勤，或許如此，可惜這個世界並不會因為你流汗就付你錢。它要看成果付錢。而工商業，藉由管理及能源的活用，是看得到成果的。

我們在第爾本栽種了好幾千畝的地，還有一個養了大約三百頭牛的牧場。連肯德基州的煤場附近，大家認為什麼都種不好的山區貧瘠土地上，我們也有菜園種植蔬菜和水果。我個人大半輩子都在農場度過，而透過汽車和曳引機的銷售，幾乎處處都會接觸到農務。因此，對於農場的需求和冀求，我們並非一無所知。

農業是有問題。沒有人能清楚說出問題何在，只知道和農民的謀生之道有關。有人說，只要農產品價格提高、一般貨品價格降低，這問題就能得到解決。降價永遠是群眾之福，但漲價絕對不符大眾利益，尤其是食品的價格。這些人把問題的性質搞混了。沒錯，他們一定是搞混了。如果我們把某個機構當成問題來討論，那麼它就不再是問題——那件事已經成為過去，已經得到解決。死後驗屍可以透露一個人的死因，可是不能讓他起死回生。老式的農場已經死了。我們最好認清這個事實，並且將它當作起點，構思出更好的東西。

幫助農夫逃避事實、讓他繼續靠興奮劑度日，並不是仁慈的義行。農業真正的問題是：世界不斷往前走，而農場依舊駐足不動。在當今大企業的世界裡，它成了微不足道的小企業。不但如此，它在這個要餬口就得全職工作的世界裡，是種兼差的工作。如果一個人的時間比孵蛋的母雞寶貴一些，農場就不值得他工作終年。那裡沒有值得他這麼做的事。一年當中他花了一個月或半個月的時間為大自然的生產做準備、為大自然的收成忙收割，而其他時間內他的工作都是徒勞無益的——只能讓他忙碌終日，卻連餬口都很難。

茲舉輪種作物、養若干牲畜、力圖平衡的農場為例。蔬菜農場、牧場、養豬場、棉花種植、果園等各種專業活動的基礎各不相同。想像一下，一個普通的綜合農場是什麼模樣，那種以普通方式來管理的農場。它有若干田地可以一般的方式來輪種作物，還有一小群牛，一些豬隻、家禽，搞不好還有羊。如果這個農場主人有現代觀念，他只會養幾匹馬，甚至一匹都不養，而投資在汽車、曳引機和收割機器上。

有了機器，一年當中的翻土、耕種、收割工作不會超過十天半個月。就算是極遠的田間，菜園作物除外，户外工作也不會超過一個月。其餘的時間他用來照顧牲畜、製作肉品或乳品出售。他養的牛群不多，若是裝置設備一流、管理良善的牛槽並不划算，因此他必須以最辛苦、最浪費的方法來餵養牲畜，以手擠奶。他將部分的作物收成直接賣出去，其他就進了動物肚子，以間接方式賣出。他的工作多半得用到手，尤其是牲畜房舍的裡裡外外，因為他的產量和規模不大，用機器划不來。他無法享受量產經濟的好處，所以他起早待晚，每天為繁重的工作辛苦終日。我知道這種辛苦的滋味；我曾在農場工作過。

至於單一作物的農夫，一年的工作一個月或半月就忙完了，其餘的時間就靠老天幫忙。可是我們常聽到的抱怨是：這一切努力的結果，就連那些力求種物均衡的農夫流血流汗的結果，都看不到有果實可言。這是世界大戰引發的一時情境，還是極不尋常的情境？或者，我們已經到達整個農業非得大翻修的地步？

工商業每隔一陣子就得翻修一次；不能與時並進的企業人會被淘汰——我們甚至不會注意到他不見了。戰爭、世界的繁榮與蕭條、與物價同步飆漲的土地和投機行為固然難辭其咎，因為它們使得農業的危機來得更快，然而危機必然有一段潛伏期，現在不爆發日後也難免。與其說戰爭改變了農場的現狀，不如說它改變了農民的想法；自開戰以來，農民就指望在賺取生計之外得到更多。這才是問題所在。

農夫希望生活一如受僱於工商業的人，可是當前的農場管理卻無法提供這樣的生活。事實上，它從未提供過這樣的生活。靠著務農而賺錢的人有如鳳毛麟角，這似乎和眾所公認的事實相牴觸。單一作物的農夫從來不曾靠農耕賺過錢，這是最可確定的。他們從種植處女地開始，然後將包含了肥沃土壤的作物賣出——換句話說，它們賣掉了自己投資的資本。他們賺得的最大筆錢，是依據作物收成多寡而賣掉農場的所得。雖然接手的買主付出的價格一次比一次高，購入的價值卻一次比一次低，因為每多耕種一年，土壤就更貧瘠一些。現在地價如此之高，稅負如此之重，即使深耕厚植也付不起固定的開支。這種過程與其說是農牧，不是說是挖採——是自然資源的剝削。這樣的農業對國家沒有好處；那些以農業為主的州中，廢棄的農場難以勝數，一如產油的州中廢棄的油井比比皆是一樣。至於中等規模的農場農夫靠著輪種作物、飼養些許牲畜，過去似乎有點賺頭，但現在他們也說，農場的人工成本高漲，連盈虧都打不平。而農場工人的工資不但遠低於工廠工人，工作還更辛苦。

可是，到底有沒有哪個農夫賺過錢呢？農作土地增值後，賣掉土地曾經為農夫帶來財富，有時候他也懂得以抵押方式增加它的附加價值。可是他的生活甚為艱苦，而那些自認為賺了錢的農夫，也覺得那是自己省吃儉用、一家人有如做白工苦幹的結果。而就算是所得大於投資的農場，也很難斷定利潤是來自販售農產品還是賣出牲畜。我們不能以受到管控的戰時物價來計算農民的利潤；那時的物價是無足輕重的，因為戰時貨幣的購買力甚低。戰爭以前，有些人因為利用處女地而賺了點錢，但在這種行為受到遏阻、土地不准漲價的情形下，純粹因農耕而賺得的錢是否比得上同一時期一般勞工的薪資，令人懷疑。

有沒有辦法可想呢？農夫說他們為自己購置的物品付出太多的錢，說農產品的價格無法與工業產品的價格相提並論。他們還說，雖然消費者付出高價，但自己賣出農產品的所得幾近於無。然而，假設工廠製造的貨品價格真的降低，行銷成本也減少，是否就能產生一種能使農夫獲利的情境呢？光是行銷改變不會讓農業的收益和工業的收益同步；付出同樣的心力，在工業上勢必會產生比當前農務方式更多的金錢利益。

很顯然，給農夫更多的信用貸款不是幫助他們。農夫現在已經付出太多——貸款利息、短期借貸折扣、稅負等等，更多的利息支出只會增加他的生產成本，賺錢的希望因此更加渺茫。有太多的農民被灌輸一種觀念：金錢可以取代管理，事實上，能用金錢醫治的企業弊病絕無僅有。一個事業或許會由於與盈利無關的非常情況而需錢孔急，但是如果它的收入不夠提供資本改善、利潤不足以維生，那麼這種事業就是有問題的事業，向外借貸只會延誤探究問題癥結的時間，終至為時已晚，怎麼做都無濟於事的地步。一般而言，向人借錢是種罪惡，而雖然農夫在有意借貸時借得到錢或許很快樂，到頭來只會被這筆借貸拖得更慘。

生產的必要條件是明智的工作方法，不是金錢。貸款不會創造奇蹟。現在每個人都應該看清了這一點，因為要不是經過了一段農民想借多少都借得到的時期，農業現況不會如此窘迫不堪。農場破產的紀錄、抵押流當的案例可以視為農業景況不佳的指標，亦可視為不智舉債的標記。農人不是用金錢耕作，也不是用金錢播種、用金錢種植、用金錢收割。他的問題屬於生產層面，不在財務。

依循同樣的邏輯，他的問題也不在行銷。有人力勸農民採取行銷的藥方，一如有人大力推銷財務藥方一樣。行銷之前一定要有生產，而無論這個農夫是多麼優秀的商人，也不會因為行銷技巧而變成一個更好的農夫。農業問題的重心，和利用土地以種植穀物、水果、蔬菜、乳製品的方式有關。如果某塊地一畝只能生產十大桶小麥，那麼這塊地的地主再怎麼行銷，也難與一畝生產三十桶的農夫競爭。

推銷各種農產品方面有極大的改進空間，而且這些改善確有可能實現，但除非生產狀況有所改善，否則一切免談。真正的企業向來是從生產起步，而只要生產的方向正確，行銷的進步定會接踵而至，因為生產的壓力自會促使行銷改善。行銷只是將生產的果實帶給消費者而已；

如果配銷情況一團糟，往往可以從生產著手來探索原因。

我們不妨來看看農業的生產方式。任何人腦裡第一個閃入的念頭一定是：它浪費了多少無謂的人力。半個月或頂多一個月的時間，農夫埋首於作物生產，其餘時間不是照顧牲畜就是零工打雜。

很多人認為，好的農場都該養牛，可是專業不在養牛的農夫因為養不起二十五頭以上的牛，通常養牛不會超過半打。他無法讓牛群保持乾淨，這對大眾或農夫自己都不好。擠牛奶必須以手為之，既浪費又骯髒。牛奶必須每天運到銷售地點去，這也是浪費，因為這些農夫的產量通常都裝不滿一車子。整個社區共用一部車到許多農場去收牛奶也許稍有改進，可是進步不大，因為牛奶的運輸沒道理要這麼多工夫。如果某地區的十個、二十個農夫集中飼養牛隻，就能夠設置現代而衛生的牛欄，製乳作業就得以遵循工業原則、利用工業模式來進行。以機器來餵食、擠奶、清潔牛群，輔以最低程度的人工，在在都是可行的。大家各養各的牛行之已久，以為這是照顧牛隻的唯一方法，其實只要揚棄傳統、擴大牧場的規模，就能夠利用電力，幾乎什麼都可以安排機器去做。

福特設於第爾本的牧場完全以工廠方式經營。我們的水泥牛舍一塵不染，裡頭的牛隻因為每天清洗，非常乾淨。事實上，清洗、擠奶、餵食等照顧牛群的一切作業，一概由機器代勞。我們僱用的人手和一般照顧二十五頭牛的人數差不多，而他們一天只工作八小時，領的是工廠工資。在良好的管理下，這些人的工作極有效率，因此我們付得起優厚的薪資。

小規模飼養牲畜在時間和精力上都是極端的浪費。如果社區集中養殖，每個農夫分得的利潤之高，遠非他們各養各的所能想像。這個原則適用於所有的農場牲畜。結果消費者得到了更低廉的農產品，生產者得到了更高的利潤——雖然售價未見增加。當前農產的價格高、利潤薄，是生產上的浪費使然。

若是將農夫的牲畜取走，只留下土地讓他照料，就等於留給他不超過一個月的工作量。這時候，農務就顯現出它真實的兼職工作的性質，單純的農耕最後會變成僅是旁枝末節。工作一個月吃不了一年，這個事實我們或可稱為「自然法則」，而農耕也不例外。農業的真正問題，在於讓農夫找出農耕之外的其他謀生之道。這是個明顯而無情的事實。

我在前面某一章曾經說過，工業分散化可以提供工作機會，作為農務的輔助。工業和農業往往被視為壁壘分明的不同作業。事實上，兩者可以配合無間，但首先必須擺脫許多傳統。例如，當今的馬已屬玩物，除非將牠當成奢侈品，否則農場上養馬實在太貴了。培養一匹工作馬要三至五年的時間，可是製造一部曳引機只要幾個鐘頭。一匹馬一年到頭每天都要吃——聽說養了八匹馬的農場每年要貼上四十畝的回收才能餵飽它們。而曳引機只有工作的時候才吃油。

每到第爾本的耕種時節，我們讓五、六十部曳引機排成一列，齊步出動。曳引機一概由工廠裡找來的工人操作，以一般工廠工資計薪。農場中的一切重要作業皆以這種模式完成，一年總共只需十五個工作天，而且，土地始終保持高度生產力。

這麼一來，農夫可以從事其他的工作。農場有淡季，工商業亦然，兩者可以截長補短、相合無間，結果每個人都可得到更多、更便宜的貨品和食物。

而工作機會夠不夠給農夫做呢？要做的事多得很。只要維持住低物價、高工資、高利潤，這個國家到底有多少工作可做，誰都無法想像。

而這些不是一朝一夕就能做到的。工業的改頭換貌也非一夜之間。可是一旦農夫領悟到，自己不能靠法令或金錢來務農——農業問題純粹是農業問題，無關任何其他——，那麼邁向工業化的農務之路就有了起點。

第二十章
尋求均衡的生活

本書第一章中，我提出了一個問題：我們是不是走得太快了？一個人如果走得太快，似乎唯有走向滅亡一途，這是一般人的印象。而既然有人說我們走得太快，那麼我們必然是走向地獄。是這樣嗎？可是這個被大家議論紛紛的「快速」，不正是完成一日工作之所繫嗎？

讓多數人覺得困擾的，其實是如何排遣餘暇的問題。過去只有所謂的「有閒階級」會為這個問題傷腦筋。確實，昔日的勞工餘暇甚多，因為一年當中他只有一小段日子有工作做。可是他們的餘暇很難稱為是「閒暇」——他利用它只是為了求温飽。現在，我們發現福特企業中要求員工一天工作八小時、一周工作五天，便足以因應生產之所需。我們的工人是有閒暇的。為了和管理、電力尚未進入工業之前的「美好舊時光」做一對比，我們不妨來看看一個名叫山姆・庫森的工人於一八三二年在英國國會某委員會之前所做的證詞。山姆・庫森讓他的小孩在工廠做工。

問：「旺季的時候，這些女孩子在早晨幾點鐘上工廠去？」
答：「旺季大概有六個星期，她們清早三點鐘上工，晚上十點或將近十點半下工。」
問：「小孩子這樣過度的勞動，你叫醒她們難道沒有困難嗎？」
答：「很難的，最開始我們都得把她們從睡夢中挖起來搖醒，然後讓她們躺到地板上，替她們穿衣服，才能趕得及出門上工；不過平常不必如此。」
問：「平常的日子裡，她們可以睡多久？」
答：「等我們餵她們吃點東西後上床，都已經快十一點了，我太太有時候整夜都不敢睡，怕我們來不及替她們準備好。」
問：「小孩子這樣勞累，會不會疲勞過度呢？」
答：「她們常常很累的；我們常常邊哭邊餵她們吃東西；我們得一直搖醒她們，因爲很多次她們嘴裡含著東西就睡著了。」

這些孩子一點也沒有利用餘暇的困擾！連大人都沒有這個問題，因為一天工作十二個鐘頭是家常便飯，十六個鐘頭也絕非例外。這些人的腳步快得很。而今天，只有機器的腳步走得快。可是照顧機器必須有清醒的腦袋，施行管理也得有清楚的頭腦，否則企業會倒退到要人命的舊階段。

工作終日會使頭腦渾沌，玩樂終日也會使頭腦渾沌。我們必須尋得某種平衡。而這對整個世界而言是新鮮事一樁。

離今天未久之前，人只分為兩種，一種終日工作，一種鎮日玩樂。終日埋首工作極其容易——只是一陣子之後，心神大半就飛離了工作。玩樂終日就没那麼容易了，不過據我了解，這還是做得到的。一日的工作是萬事萬物的重心，如果一日工作未了，閒暇勢必會消失於無形。光靠玩樂，是撐不住這個世界的。

這兩股力量在許久以前就進入我的生活，自此之後，我一直在尋求一個平衡。當然，早年哪有平衡可言，永遠是工作、工作——自始自終都是工作。不這麼做不行。而我總是從許多方向找到樂趣，而最大的樂趣來自一天的工作。可是人不能只有一個興趣，因為光靠這門興趣，眼界不會真正開闊。觀樹、觀鳥有樂趣，鄉間漫步也是；開車是樂趣，蒐獵我們的父執和先輩所使用的古物器皿是樂趣，將他們的生活重整再現也是。我們的祖先知道如何掌握生活中的某些環節。他們比我們懂得生活，品味也遠勝我們。他們比我們懂得將美的設計應用於尋常的日用品當中。美好的事物永遠不會消逝。我們接收了幾間舊旅店——一間在麻賽諸塞州，另一間離底特律不遠——，並且將它們重整為當年的面貌，就是出於這個緣由。

這兩間老旅店都有極好的舞廳，特別令我想起現代生活中已然消失的一樣東西——真正的舞蹈。當今的舞蹈已經商業化了；它從家庭走向舞廳，繼而演變到空氣混濁、桌子當中只有一小方舞池的餐廳，怎麼可能真正跳舞。

舊式的美國舞蹈是乾淨而健康的。在方塊舞和兩步圓舞曲當中，你得掌握到韻律和優雅的動作，而且大夥兒一起跳，要不互相認識都難。舊式舞蹈的社交性質十足，現代舞則否；同樣的兩個人現在一跳就跳整晚，而舊式舞蹈一晚上可能會換到十幾個舞伴。

打從年輕開始我就喜歡跳舞，可是我們那時候只知道一些現在被稱為「老舞步」的東西——其舞曲（慢步波卡舞的一種）、波卡舞、急速輕快四分之三拍子的捷格舞、四人方舞、活潑四分之四拍子的加伏特舞之類的。我們發現，當今的年輕人不懂得這些舞步，而老一輩的人——那些真正需要跳舞的人——，骨頭則已生銹。他們以為自己老得跳不動了。一個人永遠不可能老得跳不動舞。現在來我們這兒跳舞的老先生老太太還真不少，許多年紀都在七十以上，而我們八十五高齡的提琴手不但能夠拉琴，還能邊跳邊拉，令人望塵莫及。

我們在第爾本的新實驗室裡分出一個角落，變成足可容納七十人的大舞廳，還籌組了一個管絃樂團。我們遠從布達佩斯找來一個鐃鈸，雖然不知道能不能找到人演奏它。工廠裡一個匈牙利青年聽說我們有這種樂器，要求一試，結果發現他是個真正的音樂家，現在已被調出工廠。後來我們又找到一個揚琴，這種樂器是鋼琴的前身，而它也跟鐃鈸一樣，是以小槌敲擊演奏的。當然，我們也有小提琴和低音喇叭。這就是最後敲定的管絃樂團陣容。我們四處蒐羅樂譜，重新印製每一闋找到的舊日音樂，可是許多音樂只留存在老提琴手的腦海裡。鄉間開舞會時常會請這些人去演奏。

於是我們開始找提琴手，如今已從全國各地找來四、五十位為我們演奏——倒不是因為他們技巧高超，而是為了將古老的鄉村曲調錄下音來。現在我們在老舞曲方面蒐藏頗豐，愛迪生先生和偉克特鎮的人也用留聲機錄了一些。

看到這些老提琴手因為音樂而恢復生氣，感覺真好。三十多年前，伯斯佛客棧（Botsford Tavern）幾乎每週都舉辦舞會，在那裡演奏的那群樂師是公認的一流好手。於是我們開始追獵這些高手。他們都已發達，或多或少也都退休了。我們透過一個找一個的方式，終於將所有樂團成員找齊，共聚一堂開了一場宴會。那場宴會真是棒。這些老人家演奏了兩個鐘頭，完全忘了自己已經年邁。他們的音樂裡有一種東西，是年輕人身上似乎找不到的——雖然年輕人或許樂器玩得更好——，而且個個身手矯健。最老的一位還邊奏邊跳，而他已經高年八十五！

大家都從跳舞當中得到許多樂趣。每週兩個晚上的舞蹈課，每個人都得學習標準舞步，因為老式舞步的美好特色之一，就在於它的有節有度。一舞未畢不得隨意叫停，也不准插隊，一切都照規矩來。女仕沒有男伴不得入場，而且必須走在男士前面一、兩步。沒有人可以穿越舞池的中央。一切中規中矩。所有的指示都包含在我們編寫的指南手冊裡。

沒有人反對這種正經八百的禮節。平常隨便慣了，而隨便往往流於粗魯，因此大家還樂於換換胃口。這場被視為實驗的實驗很成功。它顯示出大家只要有得選，會捨棄那種無腔無調的醜陋舞步，轉而選擇樂音鮮明的音樂並隨之起舞。

我們的完整舞目包括十四種舞步——兩步圓舞曲、華爾茲、蘇格蘭慢步圓舞曲、波卡、小步舞曲、槍騎兵方塊舞、四人方舞乃至於各種組合，變化無窮。這些舞步非這麼跳不可，不能即興創造。

我們可不是某些人所想像的，指揮著一群十字軍向現代舞開戰。我們只是以能夠帶來最多樂趣的方式跳舞。而這些舞步似乎正流行開來，因為有不少外頭的舞蹈班要求我們傳授，而我們也盡可能讓他們滿意。

基本上，我們由舊日事物中得到許多快樂，這就是我們重整路邊小棧（Wayside Inn）和伯斯佛客棧的原因。

路邊小棧位於麻賽諸塞州的南蘇柏瑞（South Sudbury），是美國最古老的旅館之一——美國是個新興國家，沒有什麼老掉牙的東西，可是這家旅館曾經接待過喬治・華盛頓和拉法葉侯爵（Marquis de Lafayette），而透過詩人郎斐羅筆下的〈路邊小棧傳奇〉，已成為美國的一部份。我們買下這家向外求售的旅館，是為了替大眾保存公物，完全不存購置私產的心。這家旅館表現出了先驅精神——先驅精神可說是美國最大的資產，勝過其他任何國家。一旦我們喪失了這種精神，一旦大部分的美國人因為前無古人或是前路艱難就畏而卻步，那麼這個國家就會停止進步，開始倒退。

我衷心敬佩美國的開國祖先。我認為，我們應該對他們的生活方式、他們的力量和勇氣更加了解。當然，我們可以從書中讀到他們的事蹟，可是那些記述往往失了真，而即使是真的，也無法窺其全貌。要讓大家明白祖先的生活方式、緬懷他們的品德情操，唯一的辦法就是重塑情境，盡可能將他們當年的生活景況再次呈現眼前。

我們這些年紀較大的人還能夠想像先民的生活，可是今天的年輕人跟我們那一代的世界不同。年輕的這一代對於汽車、飛機、收音機、電影瞭若指掌，可是一說到拓荒的祖先以及他們所代表的意義，就瞠目不知以對了。

最開始，我們只想買下旅館、重塑原貌，無意多做其他。可是它位於一條公共道路上，我們毫無辦法避免它週遭的環境遭到破壞。既然它的背景環境必須保存，於是我們額外買了足夠的土地。

我們開始動手讓旅館恢復原貌——只除了一間臥房。它被我們命名為「愛迪生的房間」，裡頭的家具擺飾係如愛迪生先生出世時的模樣。

該做的事情真不少。我們打掉了封住許多老舊壁爐的磚牆，所以現在這裡有十六座大壁爐——有些竟然大到放得下必須三個大漢才搬得動的木材。我們也重舖了地板。

這家老旅館過去是以蠟燭照明，牆壁上有固定燭臺，也有活動燭臺，而我們一概以一般的電燈架台取而代之。事實上，我們無法重回燭光年代，因為火災的風險太大。我們終於找到這家旅館過去使用的那種固定燭臺，並且仿造出外貌與舊蠟燭極其類似的蠟燭形狀的電燈。

接著，我們著手尋找它失落的昔日遺物。我們找到了大部分。例如，我們為一個大皮箱追蹤到堪薩斯州，將它帶回此處。破舊的聖經也設法修護完成，放回它回來的封套內以長久保存。旅館的老爺鐘已經停走多年。它是一七一〇年在英國製造的，很多零件已經嚴重壞損，但也有一些雖然服務多年，依舊完好如新。我們製作了新零件，將壞損的部分取而代之，不過所有的舊零件一概留下，存放在一個箱子裡。

華盛頓曾於美國革命期間路過此地，而如此這般、一點一滴，我們將這家旅館重塑成當年的原貌。家具方面沒有太大的困難；我們對那個年代的新英格蘭家具蒐藏頗豐，而旅館本身也有不少上好的家具，只需找專家修理即可。

旅館重整完畢、買下週遭所有土地之後，接著是將整個地區改造成往昔風貌。我們搬來兩座那個年代的鋸木廠——其中一個來自羅德島——，加以重新組裝。這塊土地上已經有一個利用胸射水車為動力的碾磨廠，只能做研磨飼料之用。我們將它恢復成美國革命時期完全一樣的舊觀——改用上射式水車——，如此可以磨小麥、裸麥和玉米。目前我們在裝修一間舊的打鐵舖，當年的鎔爐、工具、板凳應有盡有，不久即可完工。有朝一日，或許我們會多裝修幾個這類的店舖，因為古老的鄉村工業也有它可借鏡之處。

旅館的穀倉內，我們蒐集到幾座馬車和當時的索具裝備。馬車房不夠大，只容得下幾件展示品。最有趣的是一座叫做「幽思堤斯州長」（Governor Eustis）的舊馬車，據說丹尼爾・韋伯斯特（Daniel Webster）和拉法葉侯爵於一八二五年乘坐著它，為龐克山（譯註：Bunker Hill，美國獨立戰爭初期的主戰場）紀念碑立碑。我們也蒐集耕具等農具，還有拉它們的牛隻，就像拓荒的祖先一樣。

待一切就緒，我們期待這個地帶能成為先人生活的一個生動、自然的展示區，而非獨立戰爭的博物館。在現代工業的推動下，我們有得也有失，而在許多方面，得到的往往數倍於失去的。而保留所有的得、彌補一些所失，這是我們做得到的。

路邊小棧代表了大約兩百五十年前的時代。底特律十六哩外的大河路上，有一家舊稱為「十六哩之屋」的旅館，如今已更名為「伯斯佛客棧」。這是為了紀念它多年的業主法蘭克・伯斯佛（Frank Botsford），雖然這家旅館已歇業多年。這家旅館的歷史可以遠溯到百年前，是上個世紀一個極佳的郊區旅館範本。當時這個國家還半新不舊——麻賽諸塞州已經安定繁榮，而密西根州還是荒野一片。

我們買下這家旅館，將它從路邊往後搬移，並且模仿旅館舊觀重新整治，現在已開放給大眾參觀。它有一間老式廚房，裡頭的大壁爐原本被封死，還有一個荷蘭灶。而我們也裝置了一個和路邊小棧同樣的隱藏式新廚房，其中電氣化廚具、所有大家熟知的現代輔助設備一應俱全。你可以從百年前的廚房一步跨入今日的廚房。

長久以來，我們積極蒐集所有的美國事物以做保存。收藏愈積愈多，現在已經佔了第爾本一棟大樓裡好幾畝的地，可是尚難稱做完備。

對於各項收藏品，我們都希望蒐羅得鉅細靡遺——我們有美國用過的每一種馬車和交通工具，從拓荒先驅使用的遮篷式馬車乃至於最後一種雙人單座的輕馬車；我們幾乎所有的農耕用具、所有樂器都有，而各式各樣的家具、家居用品更是應有盡有。總有一天，我們會在第爾本為這些收藏特別設立一個博物館，重塑美國各時期的生活面貌。

第二十一章
金錢何用？

某個外國廠商來參觀福特工廠。他說：「我們都是事先預定一個利潤數字，否則連開支費用都付不出。除非我們依據一定的產量、一定的利潤先做計算，否則就得關門大吉。你們是怎麼做的呢？」

他的問題至為誠懇，而且是出於一番善意。可是，他等於是要馬拉車卻把車子放在馬的前面。他一開始就打定主意要獲得一定的利潤，而不是一開始就決定要貢獻某種程度的服務，讓利潤不請而至。

在我們眼裡，利潤是把工作做好之後無可避免的結果。金錢只是一種必需品，一如我們所需的煤、鐵一樣。如果你將金錢視為別的意義，難免會遭遇重大困難，因為你是把金錢置於服務之先。而一個不思服務的企業在我們這個全民社會中，是不可能有立足之地的。

將金錢與企業混為一談，這種極為普遍的謬誤是拜股票市場運作之賜，尤其是視交易價格為「企業之晴雨計」的觀念所致。大家誤以為這局現場賭博中的股價活絡上揚，就是好的企業；

如果賭徒們讓股價下挫，就是經營欠佳。

股票市場和生意好壞無關。它和產品的品質無關，和產量無關，和行銷無關，甚至和企業運用的資本多寡無關。它只是一個靠邊站的配角。

股票和股息也甚少關聯。許多股票交易都不拿股息做為參考。除了頭腦清醒的投資客，股息總被視為無足輕重，起碼不是主要目標。某些最「熱門」的股票並不發放股息。從股票交易當中得到的利潤和企業因生產而導致的盈虧並無關聯。股價高低往往端視有多少人入場欲購買出售的股票而定。

企業如果涉足股票市場，希望藉由公司債券來賺錢而非靠服務來盈利，那麼對這種公司的主管、幹部而言，股票市場的態勢或許攸關重大。這種唯股市是瞻的企業是無足輕重的；它們有如曇花一現，一閃而逝。可是，它們卻讓大家以為股市和企業經營的好壞有關——事實上對美國企業來說，連一張股票都不換手也是無所謂的。而即使每一張股票明天都換了主，企業藉以運作的資本也不會多一分或少一分。

因此，整個股票運作有如一場組織棒球隊，只要顧及企業的基本利益即可。它只是一場邊上秀，和企業的基本原則無關，和企業的一切必要條件也搭不上邊。它和企業的價值只有突發性、偶發性的關聯。如果將股票買賣的投機因素拿掉而任其自然發生，它就只是銀行的附屬作業之一。

而我們更認為，讓和企業無關的人掌控操作企業的線，這條線會成為企業的絆腳石，因為它常常迫使企業變成賺錢工具，而非物品的製造者。企業的基本功能如果是孳生股息而不是製造實用的物品，根本就是放錯了重點。企業不看消費者反而去看股東的臉色，不啻是否定了企業的主要目的。

有些生活成本是全無必要、可以預防的，那些缺席的股東就是其中之一，雖然他們藏身幕後。

當然，有人會針對這些論點提出反駁，說股票在促使工業運作上有助長之功。然而，事實不像他們所說的那麼簡單。舉例來說，一旦績優股變成了生產的負擔，企業的利益就會歸於私人而非大眾，這是怎麼辯護都詞窮的事實。當下我就想到一個例子：某產品為了滿足股東的需求，硬是在成本價上多加了五十元。還有一例也是為了同樣的理由，甚至漲價了一百二十五元之多。

企業的組合元素是觀念、人力和管理，並不是金錢；效用、品質、供應無缺是這些元素的自然表現，而股息不是。而雖然這些特質往往是賺錢的根源，可是沒有一個是源自於金錢。

如果企業的資本是來自產品的買主，對任何企業來說都會更好。這樣的金錢不會變成企業或大眾的成本。而經由其他任何途徑進入企業的錢，都會變成企業的成本，因為這樣的錢只顧著讓自己愈滾愈多，而大眾連頭一筆投資都無法付清。

不過，股票投資並非毫無價值——有些真正的好手因為投資股票失利，不得不外出工作。投資股票的習慣使得太多人的心思遠離了正業，任何能將他們逼回正軌的事因此都是好的。投資股票不會增加財富；頂多只是財富換手而已。投資股票不會創造財富；財富只是比賽分數的消長而已。有個記者曾經引述我的話，說股票市場對企業有好處。他略去沒提的是我的理由：「因為它把許多人打垮，逼使他們重回正業。」

在過去，大家認為企業的存續只是為了企業主的利益。現在，鐘擺盪到了另一頭，認為企業存在純粹是為了企業員工，尤其是賺取工資的勞工。這和企業存在是為了製造股票市場用來交易的股票一樣，都是莫大的錯誤觀念。我舉個非常古怪的例子。許多假期來我們工廠打工的大學生都會以我們為題寫論文。

那些文章的內容很有意思。這些人觀察敏銳、愛發問題，也很聰明；除了本能上和工人階級站在一邊以及和企業對立的立場相同之外，他們並沒有同黨之誼。除了一兩人外，其餘個個都說我們的勞資關係和諧、工作條件良好等等。可是，沒有半個人提到產品。假如以這種準則去檢驗一家醫院，報告上就會這麼寫：醫生辦公室多麼舒適、護士的房間多麼美觀、實習醫生的排班多麼輕鬆愉快。而關於該醫院對世俗健康的貢獻，則是隻字未提。換句話說，這些大學生以為評斷企業應該要以企業員工所獲得的福利做為基準。這就好比學校的價值要由教師的個人所得、或是醫院的價值要由醫生的金錢利益來評斷一樣。事實上，學校應該以學生的良莠來評斷，醫院應該以治癒的病人人數來評斷——這是它們的本分工作。

將企業重心放在企業主的利益上，還是不久以前的事。現在，重心已經移轉到受薪階級的利益上。這是目前盛行的評鑑企業的方式。當然，工資應該得到它應有的強調，可是除非企業先經過公共服務方面的測試，否則對企業的評斷不能算是健全。而除非企業的服務動機完全確立，否則利潤和工資問題永遠也不可能找到圓滿的解答。企業的首要職責，是對大眾負責。

工廠對整體社會有用，因此它的存在有其正當性。但如果工廠忽略了工資這樣的關鍵因素，根本就沒有資格提供任何服務，因為服務和工資是一體的。

企業之所以存在，並不是為了替資本家或是工資階級賺錢。狹隘的資本家和狹隘的工會推動者對企業的看法並無二致——唯一的區別只是鹿死誰手而已。

我們不妨分別來看這些人的行徑。我們首先可以假設，任何值得研發的產品或流程都是拜該事物研究者之賜而問世的，他們致力研發是為了力求完美，不純是為了利益，甚至連利潤都不是主要目的。

研發到了某階段後，就得開始籌募資本。有錢人看到了，認為有機可乘，可以賺更多的錢，於是出錢開設工廠、裝置機械、著手工作。可是他們真正想生產的東西是收益，不是貨品；在他們心目中，貨品只是製造收益的途徑而已。萬一發生緊急狀況必須有所犧牲，首當其衝的一定是貨品，不是利潤。為了保護一己的收益，他們各種手段都使得出來：降低工資、減抑品質、數量縮水、調漲售價，無所不為。

工程師的興趣則完全大異其趣。對他們來說，今日的標準只是今日的成就水準，總希望明日能夠超越。工程科學之所以會成為短視的財務專家的敵人，原因就在於此。舉例來說，一群金錢掮客建造了幾座昂貴的鼓風爐，為的是——製造收益！可是設計鼓風爐的目的並非收益，而是製造金屬，於是工程師繼續研製出更好的鼓風爐。可是接下來要淘汰舊爐、裝設新爐，讓大眾享受到成本降低之利，還是墨守舊爐、抵制新爐，則全憑金主的意思。

當然，改善是要花錢的。但是，金錢一向是由群眾提供，任何與群眾關係良好的相關組織都該有足夠的錢改善設施。任何工業的盈餘與其說是過去績效的所得，不如說是保證未來進步的基金。在這方面缺乏遠見的企業金主，會反對不必要的開支，可是對服務功效念茲在茲的工程師，則會出於自尊自重，願意花費這筆開支。

再看工資這一面。工資提供了購買力，整個工商業的運行就靠那些有能力付錢買東西的顧客。話說回來，當那些奇怪的鼓吹者宣稱，工資應該吸收所有的經濟好處、應該得到企業改善所導致的一切利潤增益，我們不得不注意到這種觀點階級分明的特性，以及它其實有限的好處。

有人曾經慎重其事地提議，可以歸因於管理改善而得到的一切好處，例如產量增加、成本降低、價值提高，都應該轉化為工資。

福特工業就是這麼一個例子。我們的改善舉措多半屬於內部措施，換句話說，管理得當、規劃工作、簡化方法、節省不必要的人力、回收浪費的原料，在在使得我們得以用更低的成本服務大眾。

降低的成本（其實就是增加的利潤）何去何從，可歸於三個方向。我們可以說：「全部保留下來，因為這個節餘是靠我們的能力得來的」。或者說：「我們會拿出產品過去和現在成本的差價，放進員工的薪水袋裡」。或者也可以這麼說：「既然提供這項服務的成本降低了，售價就可以同額調降，讓購買者受惠。」

第一個說法的理由是：多出的利潤屬於那些使之實現的腦袋。第二個說法的理由是：多出的利潤屬於員工，也就是產品的製造者。第三個說法的理由是：消費大眾有權利以最低的成本享用日常的必需品和服務。

只要辯論開始，答案就出來了。利益是屬於大眾的。企業主不是大眾；雇主這個團體不是大眾。售價降低所帶來的業務增加，就是企業主和勞工得到的報酬。我前面曾經指出，工業不能只為某個階級存活。如果構組工業的目的只是為某個階級賺錢而非為全民提供物品，事情就會變得錯綜複雜，而且常以瓦解收場，同時由於瓦解的次數太過頻繁，那些頂著科學家頭銜儼然專家的人就創出一個名詞：「企業週期」。照他們的著作來看，商業運作的順序不但明確已極，而且只能運作某段時間，之後就得粉身碎骨。這是對工商業一種極為淺薄的金錢觀念。

商業不一定會有一蹶不振的時候。我們有可能永無失業之虞。西征拓荒的先民一天行進十二哩路，之後達到了聞所未聞的高速：每小時十六哩。今天，我們開車二十四小時可以橫跨六、七百哩。我的重點是：我們既已達到如此的高速，那麼碰到經濟十字路口或經濟彎路而減速，其實沒有任何的意義。比方說，火車行經一個擁擠的路口，由於速限而使時速從六十哩減到三十，這並不代表火車會就此停頓甚或翻傾出軌。可是那些人總是戒慎恐懼，總是時時觀望、企圖找出企業衰退的跡象，好像經營工商業的都是些神經衰弱的人似的！

研究經濟這個機制的最佳時機已失，因為當經濟「欣欣向榮」之際，大部分的人只對如何從機器得到最大效用有興趣，不願花時間趁這部機器在運作的時候研究改進之道。唯有在經濟機制瓦解的時候，我們才會停下腳步、予以正視。壞的機器故障，不見得比好機器失靈更糟糕。掌握機器狀況的最佳方法，是在它們以最高精準度運作之際從旁觀察。

可惜我們拒絕這麼做。甚至於經濟觀察家之所以觀察企業的進步，基本上都是為了預言衰退的跡象。時時注意是否有停滯或崩解的跡象，好讓那些付錢僱請這些觀察者的人可以頭一個逃掉找掩護，現在儼然已成一門事業。可是最令人扼腕的，是竟然沒有人願意付錢買服務，要某人在經濟系統以全速前進之際，注意它以防範故障！

如果我們以為經濟不景氣是無可預防的流行病，那就是錯失了大好良機。醫學選擇的方向是讓大眾長保健康，而唯有讓自己的心智培養出這種科學習性，才能引導我們心生嚮往，希望公眾的繁景持續不輟。福特對「艱難歲月」的處方，是降低售價、提高工資。只要少數幾家大企業如是共同努力，就能遏止不景氣的恐慌，因為這種不景氣並不是戰爭或天災之屬所帶來的重大毀滅。

然而我們還是會蒙受重大的社會損失，因為我們拒絕在陽光普照、萬事順利的時候去思考經濟問題。景氣大好時所犯的錯誤當中，就埋藏著壞時機的種子，可是景氣大好之際，誰都不願意聽到我們可能犯錯這類的話。那時候大家奉為圭臬的是：「能拿就拿」。等到這部機器由於我們罔顧一切自動調節健全經濟的法則而失靈之後，這才議論紛紛。然而事情已然發生，而無論休養生息的日子是短是長，再怎麼樣也得熬過去。

經濟有榮有枯，兩種思維於焉形成：和繁榮同時出現的保守派，以及隨經濟困境而生的激進派。這兩種思維或許有其必要，但任何一種單獨行事都不會成就太大的進步，這是難以否認的。激進派說保守派毫無建樹，他們說的沒錯，而保守派說那些職業激進份子光會批評別人的管理，可是自己什麼也管不來，或許也是實情。

不過無可否認的是：責任向來是落在當權者的身上，而這些人正好被貼上「保守派人士」的標籤。他們由於職責在身，不能像激進份子那般不負責任。除非「保守」和「激進」的分際不再壁壘分明，保守派才能以絕對的權力掌管經濟這部大機器，讓它自然運作良好。而這一天或許就在當下，也或許在甚遠的日後。

對於這點事實有了共識之後又如何呢？只有一件事情會發生：它會讓「保守派」自許為權力的受託人，認為自己代表全體人民。在過去，這些人曾經是很好的代言人。他們為制度引進的某些改善措施，使得銀行和商人受惠良多。他們所展露的長才，使我們東拼西湊般的經濟添加了更豐裕的物資、更多的獨立自主，也為更多人提供更多遮風避雨的家，這是世上其他地方難以企及的。

現在，做為全民的受託人，他們可以為了這塊土地上每個人的福祉而做更上層樓的努力。我們的制度是否能夠萬無一失、是否能夠與怨憎及貪婪絕緣，顯然掌握在他們手中。這單純是個社會運作的問題。這麼做或許會產生「個人財富」減少的效應，但不會造成運作資本減縮的結果。而除了變成運作資本一途外，「個人財富」有什麼權利呼風喚雨呢？我們已經來到一個必須依循「多給他就多要求他」的法則的時代。

然而帶來最多傷害的，莫過於以為經濟機器可以由政府修復的觀念。政府的干預措施往往沸騰一時而後降溫，最後總會變成由政府徵稅，再將稅收分給那些反對最力的人。而所謂的「漸進改革計劃」也從雷聲大變成「我們可以逼國家替我們做事」的小雨點。整個計劃都以為「政府」是個取之不盡的特權、恩惠的資源庫，所有的議案在在顯示出一種托缽乞討的心態，要國家為這個階級做這個、為那個階級做那個。集體的積弱看似一股力量，其實不然；他們不建議自己去做自己所提議的事，只是提議「該做的人」替他們去做。這種心態永遠不會提出服務國家之議，只會指望國家為它服務。

誠然，強者應該為弱者服務，可是不能因而肯定他們的弱。為弱者服務是種反服務的行為，除非它的效果是將弱者帶到堅強、自立的道路上。姑息培養伸手乞討的心態，是種極端不仁的行為，我們習以為常的慈善行為應該受到唾棄，就是這個原因。它不但削弱了那些願意付出的人，也使那些願意接受的人變得更弱。慈善，是逃避努力的庇護所。

依賴政府的這種行徑不但根本錯誤，更吹熄了一切希望，無法達到它所追求的至善境界。第一，這種觀念其實是錯的，因為如果你對政府一探究竟，會發現它除了接受別人的贈與，並沒有任何本錢可以付出。第二，這種觀念將政府本可集體運用的財富及權力一一截斷，有如關閉了源頭，為自己所追求的至善境界自掘墳墓。舉例來說，當初革命黨挾持了蘇俄政府，他們找到了什麼？什麼也沒有。他們盼望的千禧年並沒有到來，反而是混亂失序趁虛而入，舊秩序之下的福利措施一一消逝。新制度的創始者終於將他們認為是福祉的源頭握在手中，卻發現沒有任何福祉可施——連普通的麵包都拿不出來。

我們的立法管道塞滿了各種提案，要政府處處施惠、要籌組一種父權政治，讓生活的每個角落都受到政府機構的關愛、要對某階級施惠代以反對、要愛護利益團體不要違反利益，沒完沒了。於是身為政府一份子的立法諸公開始大幅調整自己，認為自己的角色是有如女僕看護般服務人民，而不是清除壁野，好讓人民自己去做事情。立法機構有種觀念，以為這樣的行徑會使他們在群體大眾之中廣受歡迎。他們以為，這才是真正代表民意。

這類的立法行為所採取的行徑，多半是試圖以法令來遏止不完美的經濟機制。可是，民眾的政治能力和他們的商業能力豈不是同等蒙昧而不科學？我們的政府經濟是個怪胎。許多限制經濟發展的法規之所以通過，都是為了遏制人性的自私因子，因為所有有利可圖的行為中都少不了這種自私。可惜任何法律都無能做到這一點，結果反而是工商業集體被綁上鎖鏈。

我們不妨來看看稅制——因為，各地政府最大的動作似乎都和徵稅同步。但鮮少有人研究過重稅和貧窮的關聯——高額稅負使得生產效率降低，間接培養了貧窮。而政府真正的功能何在，我們也不曾檢視過。

目前政府向人民直接徵收的幾種稅負，看來像是他們下一代也必須付出的稅負，這是很關鍵的一點。這種做法的最大訴求是訴諸階級意識。沒錯，稅負應該依據付稅的能力來分配，可是把稅制當作階級宣傳的工具就不對了。任何稅制的運作其實沒有階級的分野——每個人都得繳稅。擁有大筆資源的人靠誠實獲得財富而付出的大額稅金，其實是大眾所提供的金錢。而如果不誠實的人逃稅、漏稅，賠上差額的依然是大眾。

正確理解稅制的一個好方法，是跳脫金錢的符號、直搗事物的本質。這會讓稅負許多不公平的地方鬆綁。例如某企業正待擴張，這時徵收所得稅的人跑來說：「把你買新機器的資金給我」。政府在這種情況下得到這筆錢，比起用於工廠擴充而使就業增加、國家資源增加來，對國家而言好處還不及後者的一半多。事實上，在這種情況下被徵收的是真正的金錢呢，還是被沒收的貨品？

我們應該將有待徵收的遺產稅視為實物，而非金錢。假設稅務員說：「我得把貴公司一座鼓風爐、四個熔爐、兩部升降機、十台機器、煤存量的四分之一當作遺產稅帶走。」

如果這些被沒收的東西代表一些會危害社會的不當事物，那麼這種行徑可以理解。如果大家認為沒收一個活人的財產不對，可是在他死後將財產從他孩子手中奪走就可以，那麼這種行徑可以理解。假設政府是故意讓企業經營者在生前以違法方式增加機器和工作，可是一等他過世就廢除了這些機器和工作，那麼這種行徑也可以理解。

而這種做法也遠比當前的稅制來得公平。遺產向來是以金錢來表達，可是金錢很少會真正現身。當今大部分的繼承人所繼承的是一份工作，一個有待維繫的企業，一份有待承擔的責任。繼承一家工廠或企業的管理掌控權，其實是替自己加上重軛，因為管理表現是否智慧，是員工飯碗和許多家庭生計之所繫。

以為企業就是金錢，大企業就代表大錢，這全是謬見。可是這些謬見卻引導美國等國家在眾多涉及工商業的事項方面駛向錯誤的航道。

第二十二章 放諸任何企業皆準的法則

前面提過的各種法則是放諸四海皆準的——至少我們這麼認為。我們曾將這些法則應用於福特諸多事業上，發現絲毫沒有修正的必要。不過，由於今天的福特企業相較於其他企業可稱龐大，而且我們一向就是大企業，因此大家會覺得我們所作所為都是針對大企業而發。某方面來說確是如此，但是經營法則並無二致，只是做大做小的問題。我舉個明確的例子：

有人問我：「如果你不是製造汽車和曳引機的大廠，而是一個只僱了二十五名工人、生產的東西和汽車毫無關聯的小店家，那你如何應用你的經營理論呢？或者假設你置身零售事業，你的店面每年營業額只有區區十萬元，你會怎麼做呢？」

這些問題既難當下回覆，答案也不是一語就能道盡的。因為，這問題的答案端視你所執著的是事業的規模大小，還是某種經營政策。

規模大小只是階段的不同；在某個階段，你的財務狀況只能讓你這麼做，到了下一階段，你開始有能力多做一些，如此這般漸進下去。無論從事製造或銷售，你絕不可能絲毫不差地達到你想達到的境地，也就是處處符合最佳的經濟規模。就資源方面，福特工業雖然擁有豐沛的資源，可是我們永遠不會達到怎麼做都沒有改進空間的地步。規模大小純粹是生產方針的副產品，本身毫無意義。

當初福特只能點點滴滴地做，慢慢地有能力愈做愈多，到了今天，已經可以大刀闊斧地做，而雖然之前已做了許多，前路待做的事更多。我們始終在前進。幾個星期以前，有位三年前對福特工廠相當熟悉的訪客和我們一位主管談話。他以熟悉的語氣談到某些流程，那位主管卻聽得一頭霧水。

「你不記得你們是怎麼製作這個零件的嗎？我記得還是你帶我參觀、為我解說的。當時那種新方法才剛設計完成。」

「那是多久以前的事？」「才三年而已——你一定記得。」

「三年是很長的時間。這三年間發生過很多事情。三年前的做法有許多我們現在已經不用了。」

製作方法如此多變，並不是因為我們喜歡改變，而是堅定的政策方向使然；時時致力於降低售價、提高品質，自然會帶來改進，而規模也自然而然地隨之擴張，因為市場總在擴大，需要更多的產品。我們應該自問的不是：「像我這種從事這一行的人應該採取什麼經營方法最好？」而是：「我為什麼要投身這個行業？我該何去何從？我希望怎麼做？」

如果某個企業主僱有員工二十五人，可是他希望就此打住不再增加人手，營業額也達到某個數字就好，那麼我得說，這種人的處境最岌岌可危，除非他製造的是奢侈品（無論什麼樣的奢侈品都可以）。小廠商如果生產的東西不及同業，便是時時處於危境之中，因為隨時會有大廠想到辦法將售價調得比小廠成本還低卻依舊有利潤。這樣的企業被淘汰出局並不是運氣不好，而是無法與時並進的難以規避的結局。一個沒有能力或缺乏意願把生意做好的人勢必要被淘汰出局——要不然就得學著好好做生意。要他和別人聯手試圖阻止進步的腳步，徒然是浪費時間和精力。為了將無能的人留在業界而促進連盟，有如聯手合作希望改變太陽軌道一樣，成功的機會同等渺茫。美國的工商大業勢必要靠深入資源源頭的大企業來完成；這些企業在取得原料之後，會透過必要程序製成成品。企業一旦跨過某個規模的門檻，就得對原料有百分之百的掌控，因為無論成本多高，不如此就難逃因罷工或管理不善而斷產的命運。如果廠房有可能遭到閒置，或是計劃有可能因受制於他人甚或敵人的外力而泡湯，那麼廠房建得再大、工作規劃得再仔細又有什麼用呢？

然而，你的擴張抉擇每每要看當時的需求而定。如果你每個月得用一千噸的鋼料，那麼自己設鋼廠就划不來，除非你需要的是非屬大量生產的特殊鋼。但如果這一千噸的鋼料由你自製要比向外購買來得便宜，你就該自製。或者，如果市售鋼料的品質讓你無法放心，那你也得自製。福特已有多次這樣的經驗。除非這麼做有助於服務，否則我們絕不會自製零件或是自己溯源找原料。我們從來就不為製造而製造。

小廠該如何應用福特的經營方式，我想這就是解答。方法不是主宰，目的才是。你先決定了希望做到的事，方法自然水到渠成——方法並不能決定你的目的。在我看來，將方法置於目的之先，不啻是起步就錯。

整個製造和零售企業概分兩種——這是以目的而非規模來做分際。如果某個企業的目的是履行最高境界的服務，在商言商來說，就是企業盡其所能以最低成本生產或銷售最多的貨品，之後方法自會依情境所需而成形。話說回來，如果企業罔顧服務，一心只想獲取最高的利潤，那麼他不算是企業中人，因此沒有可以適用的經營法則。這種人只是有得拿便拿，有便宜佔就佔而已。

不過，還有一種居於兩種極端之間的企業值得一提，因為它是一種甚為光彩的事業。這種企業就是量身打造各種特殊的訂單，而除非買主滿意，否則不必照製造商的要價付費。珠寶可以歸於這一類，所謂的量身裁製的衣服也是。雖然當今的成衣界已能製出適合所有人穿的衣服，似乎並無再找裁縫師的必要，但有些人還是寧可花錢訂做也不願購買成衣。難道製作數以千計外套的廠商不比一個只縫製過戔戔幾件衣服的人更有能力做出一件你理想的大衣嗎？更何況，裁縫師傅多半遵照的是客户的囑咐，並非依照他自己的最佳經驗判斷？

不過，我們且慢以奢侈品還是必需品來為企業分類，因為這些字眼可說是毫無意義，甚至引人誤解。依據企業的訴求來分類或許更好：以一般大眾為訴求對象的企業是一種，以某階級為對象的屬於另一種。第二類的企業不可能變得極大，因為它受自己的訴求所限，消費群至多不會超過全國人口的一成。

為什麼呢?首先我們來看看以一成人口為對象的第二種企業。這種企業除了服務範圍深受限制之外，和其他企業並無兩樣。一分錢一分貨，為高品質付出高價我沒有任何異議——只要品質確實好。而且，只要別逼那些只能買得起低價物品的九成民眾去買高價品就好。

以這一成民眾為對象的企業可能大也可能小，端視它所製造的東西佔這一成人口的需求多寡而定，不過它不可能非常龐大，因為消費群畢竟不多。隨著售價提高，顧客的奇思異想或是特殊慾望就愈來愈成為左右的因素，訴求對象的範圍更見縮小，因此最好的因應之道就是屈從於顧客的要求(或許這不能算是最好的因應之道)。事實上，這類企業的私人服務性質大於為全民服務的性質。這類企業的生意難免得靠老顧客重複上門，因為它的訴求對象不是廣大的群眾，不足以讓它持續量產。

舉個大家都熟悉的東西為例:手錶。打從年輕開始，我最初的幾個量產計劃全都以手錶為中心。只要設計得當、生產情境正確無誤，就可製出報時精確的一流手錶，而且零售價格只要五毛錢一只。這樣的手錶一年可賣出一千萬只，而且是年年如此。如果這支手錶賣五十元，或許還是可以量產，不過幾年後成長率就不可能增加得如此迅速，因為五十元手錶的市場遠比五毛錢的市場為小。要是你一隻手錶賣一千元，那麼生產無異於掌控在顧客的手裡。大量製造千元手錶對製造商來說不但負擔不起，而且他得有心理準備，必須製作許多特殊訂單，因為付得起這種價錢的人心中對於某些特色自然情有獨鍾。他絕不希望所有一千元的手錶都長得一模一樣。他肯掏出這麼多錢，一部份不是為了買手錶，而是為了要和他人有所不同。

再舉個例子。依據標準格式替平民大眾蓋小型住宅的建商，規模有可能無限擴張；專門蓋辦公大樓的建商就難了，因為每件工程都得做不一樣的考量。

你所採行的方法取決於你的意圖，而非企業規模，這才是重點所在。

拿衣服這個舉世都用得著的必需品來說，沒有人知道整個美國需要多少衣服——它的需求端視價格而定。如果衣服很貴，買一件新外套相當於買一棟房屋或是一個農場，那麼一個人身上的衣服能穿多久就會穿多久。如果價格滑落，買衣服就愈來愈容易，等到價格極低，即使最窮的窮人也會買得毫不猶豫。

最後一個決定因素是產品的內容，而非銷售方式。如果某種產品需要大力推銷才賣得出去，勢必會令人質疑它的存在有無必要。製造生產背後的問題不是：「我該如何為這些推銷員提供最好的服務？」而是：「我該如何提供顧客最好的服務？」

如果你找到第二個問題的答案，那麼無疑也找到了第一個問題的答案。因為唯有在你希望透過推銷員而不想透過消費者賣東西的時候，這兩種觀念才會相牴觸。任何工廠如果想透過服務而成長，那麼生產一種產品就夠了。而且，銷售自然要居於生產之次。因為如果真正的企業是以最低價格去服務最多的人，那麼將推銷的工夫置於服務之先，是不合邏輯的。

不過，推銷也可能和製造一樣，同屬真正的服務。從服務的角度來看，私人推銷和貨品零售之間的差異並不大。

不過，兩者依然得遵循同樣的原則，只是應用的方式不同。希望提供最高服務的零售業者必須和製造廠商一樣，仔細研究市場後，看最大的消費群需要的是什麼。

一如生產方法取決於企業主希望提供的服務種類，零售業者也是如此。如果零售業主的服務對象是普羅大眾，那麼進貨的選擇就限於高品質、低價格、可吸引九成人口的商品，而企業自會坐大。由於地緣因素的限制，最大的零售業規模很難和最大的製造廠相比，不過零售業者照理說還是能夠數倍於當前的規模，而我們迄今尚無真正的大型零售連鎖店，地緣因素似乎不是理由。話說回來，零售業的作業方式是否因為規模大就會比較經濟，目前還是個問號。

競爭不是關鍵，不以最佳方法做事才是關鍵。如果我們將眼前當做的事以最佳方式去做，換句話說，如果我們是真心誠意地服務眾人，其他什麼都不必擔心。未來自有辦法照顧自己。

現在，回到本章開頭的那個問題。小廠採行最佳方法的途徑，就是讓自己變壯變大。

第二十三章
諸國致富之道

維護國際和平是一個理想，也是美國戮力以赴的職責。沒有人會懷疑戰爭的不當與不堪。戰爭代表毀滅。戰爭使得生產背離了滿足人類需求的功能。戰爭不但對世界毫無貢獻，反而掠奪了世界許多東西。

可是戰爭不是原因，是結果；它是貧窮，尤其是思想貧瘠的結果。只要有許多人居於貧窮之中，戰爭就會發生。除非全球各民族都學會了為自己製造出豐富的物資，也除非事實證明了製造比奪取更為容易，否則入戰的衝動勢必永遠存在，因為這些衝動往往源自奪取他人生產果實的慾望。

協議不與戰事，協議將各國的歧異訴諸仲裁，使出各式各樣的外交手腕，在防止戰爭方面都只有一時的效果，因為這些行徑都把戰爭視為病源，事實上，戰爭只是病徵。而在國際聯盟及其附屬機構國際法庭上所制定的協議，或許更有可能成了戰爭的催化劑，因為它們凍結了深究病源的行動。限武協定的基礎就不一樣了，因為這些協定開門見山地承認戰爭。在這些協定下，各國同意暫緩為下一回戰爭所準備的花費，這有如將或可用於生產的精力釋出，使得導致戰爭發生的貧窮得到了紓解。

任何戰爭的起因都涉及經濟。看似無法無天的戰爭只要一探究竟，幾乎都可溯及貧窮的遠因。貧窮從來不曾因為任何天花亂墜的言論而銷聲匿跡。當今沒有人會承認，自己打心底還相信阿拉丁和神燈，可是只要一牽涉到政治，兒時的信仰就復活了，於是我們當真相信某些條約、協定、法律約束能夠創造出什麼來——一如神燈的魔力。事實上，當今所有經過正式程序謄寫、簽署的條約，所阻遏的戰爭全是任何人都不想要的戰爭。因此，抵制戰爭不太重要，同意不參戰也不重要，真正重要的，是別再將戰爭視為原因，因為這種視角充其量是消極的。真正重要的，是促進普天之下的繁榮，而非防止戰爭或維護和平。繁榮可以成為自然常態，這一點歷史已有證明，而美國就是明證。

美國當然有使命在身，不過這個使命並不是在已然過多的空言上加上更多的空言。美國的使命也不是提供借款。我們借給歐洲的每一塊錢，只會讓它的自省之日更往後延，只會讓它戰前便已箭在弦上而今更是如火如荼的貧窮與困頓綿延不絕。安排借貸一直是國際聯盟的重要功能之一，但這個舉動只是延宕歐洲面對現實的時間而已。我前面說過關於企業借錢的影響，同樣適用於國際間的借貸。歐洲諸國需要的不是金錢，雖然它們自認需錢孔急。歐洲當前的困境沒有一種是光靠金錢就能矯治的。美國的使命不是培養虛矯的國際精神，不是將歐洲的麻煩和自家的問題混而為一，而是在海內外以身作則，讓大家明白歐洲當今的情勢其實完全可以避免

——它純粹是經濟體系的錯誤觀念所致。

談國際精神、談狹隘的國家主義對世界所造成的傷害確實很好，因為人民若是將自己人想像成無可避免的敵人，那是愚蠢之至——他們只是分屬不同的政府而已。就這點意義而言，國籍其實是個虛飾的詞藻。所謂國家，只是個同質性高的經濟單位罷了。如果這個經濟體並不同質而且無法有效治理，那麼它就不是個適當的單位。有時候，某個應該屬於同一經濟單位的經濟體會一分為二，甚至分成更多部分。美國很早就知道國界並不是經濟的界線，因此對國界視同無物，反觀歐洲，設立重重的政治塊壘在先，接著又試圖堆砌經濟路障，結果造成大難臨頭。德、法兩國就是例子。

不過，堅持美國精神並不等於抱持狹隘的國家主義。美國精神的基本原則，是所有人類文明都該戮力以赴的目標。我這麼說並非誇大其辭，因為這些原則早在美國出現之前便已存在。美國之所以誕生，是為了有個讓這些原則開花結果的溫床，讓世上所有國家都看到、進而體會到每一件事物當中的自由本質。美國的使命是告訴這個世界，某些原則不但顛撲不破，而且歷久彌新。

倡議和平主義的人永遠無法阻遏戰爭，而製造戰端的人永遠贏不到和平。只要世界上存有戰爭的心態，一旦工具在握，就有戰爭的可能。不過一如上次世界大戰所顯示的，愛好和平、不願興戰的國家的軍事力量，要比那些製造戰端的國家來得強大。戰爭曾經被視為是可達成任何目標的途徑，如今已遭到抵制，而且未來的抵制還會日甚一日，直到連存有好戰心態的人都豁然明白，戰爭原是徒勞無益的。

你能想像一個開啟戰端的美國嗎？你能想像美國拒絕摧毀一場因為對抗它而起的戰爭嗎？美國人民的護甲，並不是眾所週知的愛好和平的民族傾向，而是人盡皆知的對於任何干擾美國和平的人的厭惡。

和平主義是個適於在戰爭心態猖獗之處傳揚的絕佳教義。提供武器給世界上的強盜土匪，卻要奉公守法的公民繳械，可不是阻遏國際打劫事件之道。你和循規蹈矩的市民打商量，要他放下武器給暴徒惡棍看，徒然是一種缺乏根基的信心——希望這個暴徒因此就能皈依基督精神。這只不過是虔誠的宗教神話罷了。

軍事家在促進和平方面亦無用武之地。他們是武力的專家，一如和平主義者是濫情的專家一樣。

我們不會變成和平主義者所希冀的那般柔軟，也不會變成極端的軍事家所期望的那般強硬，只會在常識發揮方面更勝一籌。美國人民不會開啟戰端，並不表示他們不能成為戰爭的終結者。如此，開啟戰端的人會因為強有力的戰爭終結者擋路而躊躇不前。

而我們最怕的，是把政治承諾當成思考和工作的替代品，因而削弱了這股強大的力量。造成歐洲戰後貧窮的最大主因就是吃相極其難看的依賴心態，人民處處依賴政府去做政府無能做到的事。這種體制的弔詭之處，是政府確實照做之後，勢必得愈做愈多，而隨著人民的要求愈來愈多，政府無所不能的能力也就日漸薄弱，因為政府的一切沒有一樣不是來自人民；一個自助精神已被扼殺的民族，對於它所嚮往的境界愈來愈無能貢獻力量，終至人民和政府雙雙陷入了無藥可救的共同困境。蘇俄宣佈將部份報酬歸於私有企業而背離了共產主義，這個令人驚愕的政策大反轉只突顯出一個事實：自助精神對任何民族來說都是不可或缺的。

政府可以創造獨占，可是不能創造供給。它可以獨斷獨行地設定價格，可是無法創造購買力。它可以處處施以承諾的狗皮膏藥，卻不能讓任何企業靠自己站起來。

立法行為只是殘缺人的保護傘，讓他們苟延殘喘。

美國的強大有賴於一個事實：政府對於企業和農業的輔助從來不至於過分，因此從未影響到工業或農業的獨立精神。美國政府花了許多精力和企業對抗，就若干層面來說，這是一種幸運——企業因此沒有軟弱的機會。誠然，過去的關稅政策在美國尚未有真正的大企業之前或許有助長之功，但是值得注意的是：美國真正的大企業——那些竭盡全力提供最高服務的企業——，沒有一個是因為關稅才蓬勃興起的，也沒有哪個必須在關稅保護下才得以立足。你往往會發現，那些口口聲聲說需要關稅保護的企業都是方法大開倒車、以微薄工資製造品質拙劣貨品之流。這是在所難免的，因為它們身上沒有改進自己的壓力。它們不思以自己員工為對象去開創產品的市場，反而滿足於有限的市場，或是因為搭上人為關稅的便車而沾沾自喜——拜關稅之賜，國外低價賣出的東西在國內的售價可以居高不下。

美國或許可以大刀闊斧地走一步——取消所有的進口關稅。這個舉措對全世界來說是一大貢獻，對美國工業亦然。除開美國不算，全世界加起來的產能都無法供應美國一國之所需。國外廠商賣價低於國內廠商的工業屈指可數，只是這幾種工業品在美國國內的消費價格極高，實在不智。如果情勢逼得我們非降低國內售價不可，我們反而會因此受益，因為那些都是工資極低的工業，在競爭的壓力下，這些工業不得不重組、更新規劃，而如前面所說，如此就得付出高工資，而高工資代表了購買及消費能力的提高。現在，只要是品質良好、定價得當的貨品，無論數量多少，我們幾乎都能吸收。他國在公平的競爭基礎下賣東西給我們，它們本身也是受益者，因為這些國家勢必得走上量產一途，而量產可以造就高工資。

國外的工業成長模式與美國不同。大英國協是工業國家的始祖之一，由於它具備了製造、航行船隻的人才，因此能將所有的產品出口到非工業國家，同時建造了一個龐大的海上航輸系統。關稅只會阻礙這種體制的運作，而且它沒有國內市場的必要，因為身為業界的先驅，它沒有任何競爭對手。反觀德國，當它轉變為工業國家後，針對工業制定了一套繁複的國家輔助計劃，關稅和補助雙管齊下，而戰後以來，所有的歐洲國家或多或少都以德國這套計劃為藍本試圖跟進。無論在哪裡，將工業的福祉寄望在海外市場而非本國人民身上都被視為是理所當然，因此關稅、出口執照、進口執照、政府補助、政府管制等高牆林立有如迷宮——事實上，除了生產之外，其餘全寄望在海外。

雖然生產設備齊備，可是如果這些設備大於消費能力，那麼除非消費能力提高到和製造能力並駕齊驅的地步，否則地球難有和平可言。而除非所謂的工資動機取代了利潤動機，否則消費和製造齊頭的一天不會來到。

美國境外，工資動機從未有過立足之地。工商企業多半掌握在財務專家的手裡，而這些人經營企業是為了圖利，並不把企業視為一般社會生活中提供服務的元素。除了美國，別國都沒有真正的大企業可言，而就算勉強通過大企業的門檻，也盡是些根基不穩的金錢金字塔，提供服務的能力相當欠缺。合資企業中的資本和人力並無關聯，被視為是理所當然。企業在政府管制、稅制、工會對產量的規定之間左右為難，連重組的機會都沒有，工資動機當然無法著床。我們看到人民政府假借為勞工階級服務之名而上台，也看到資本主義政府假借助長資金之名而掌權。可是儘管政客的空頭支票滿天飛，我們就是看不到有哪個政府是因為開出真實的藥方——承諾要幫助人民自助——而上台掌權的。沒有人願意面對現實。

政治萬靈丹幫不了歐洲，也幫不了世界任何地方。分給他們多少資產都沒有絲毫的助益，因為資產根本不夠分。生產更多的資產才是拯救之道，可是除非消費能力隨之提高，否則更多的生產也無法奏效，只會造成混亂。

在提高消費能力方面，福特是不乏經驗的，因為全球各地幾乎都有我們的分廠、連鎖企業、聯營公司，而無論何處，我們一概採行和美國廠一模一樣的方法及模式，付出和美國本土相當的最低工資，每每造成耐人尋味的卓然成果。我們海外的工資比起當地的一般工資來高出兩三倍之多，可是我們是有計劃地付出高工資，因而壓低了生產成本。這些海外工廠可不是美國的小殖民地。我們通常會找在底特律受過訓練的人來設廠，這些人多半都是工廠所在地的本國人，而工廠一旦就緒，所有的員工都從當地徵募。我們愛爾蘭工廠的員工都是愛爾蘭人，英國廠都是英國人，巴西廠是巴西人，世界各地莫不如此。我們認為，這是提供服務的唯一途徑。

舉愛爾蘭科克郡的工廠來說。我的祖先來自科克一帶，這個城市由於有優良的港口，多的是適於工業的用地。我們選擇在愛爾蘭設廠，是因為我們希望開啟愛爾蘭的工業之路。確實，這個決定也涉及了私人感情。我們於一九一七年開始設廠，不過受戰爭之累，直到一九一九年才完工。依照當初的設計，這家工廠負責生產曳引機，然後銷往整個歐洲，可是由於受到猛烈的政治抨擊，於是全面改為鑄造廠。目前它供應零件給福特的英國廠，將來可供應歐洲各廠。

多年來，科克郡一直是個赤貧的城市，工人四處打零工維生。這裡有釀酒廠、蒸餾廠，就是沒有真正的工業。某個人一週若有兩、三天能在碼頭做至為繁重的裝卸作業，就算是運氣特好的了；他可以拿到六十先令，折合美金十五元。如果是農工，一個星期的收入頂多不會超過三十或三十二個先令。而這些工作沒有一個是固定的。

那些人和家人的生活根本算不得是生活。他們沒有家，只有破茅屋可棲身；衣服除了身上那一套，別無其他。我們開設福特工廠時，從底特律調來三個人指揮作業，現在固定員工有一千八百個。他們一天工作八小時，一星期工作五天——工作是固定的。工人的最低時薪是兩先令三便士，也就是一天十八先令，平均薪資為每小時兩先令六便士，或是一天一鎊金幣（譯註：約二十先令），一星期就有五鎊。這是穩定的收入，而且週週如此——過去這種事對他們來說是聞所未聞。我們從來沒有員工流動的困擾，候補的人總是大排長龍。愛爾蘭人的性格照理說是陰晴不定，可是我們從來沒聽過有人抱怨重複的工作太單調，只在頭幾個月聽到有人埋怨，工作時不抽煙很難受。

對這些人的家庭來説，高工資的效果是立竿見影的——看看新進員工的太太就知道。這些太太通常會替丈夫送午餐來，頭幾個星期她們頭上裹著圍巾，接著換成帽子，再過幾個星期，洋裝或套裝都上了身。男人夜晚也不再頸上紮個手帕、穿著舊衣服在酒肆流連。他們現在除了工作服外，也有了其他衣著，你可以看到工人晚上打著領結、搖著手杖，帶太太出外看電影。在過去，工人一拿到薪水就喝個爛醉可説是慣例，我們卻沒有喝酒的問題。過去工人星期一早上出現的時候總是衣著邋遢，現在整齊而清爽。而雖然他們過去都沒有理財的經驗，很快都學會了明智的花錢與儲蓄之道。

在科克郡的發展過程當中，工人對於帶來破壞的革命，態度也同樣耐人尋味。我們的廠長多次接獲革命軍要求，命他把工廠改裝成游擊隊的彈藥供應庫，而他總是搖頭拒絕。有一天，一輛載著十五個士兵的卡車搖搖晃晃開進工廠，帶頭的年輕少尉交給廠長一份機械清單，説他要把這些設備拿走。廠長告訴他，機械本身毫無用處；要生產彈藥武器，需要的不只是機器。可是少尉有令在身，非執行不可。他要求廠長立即行動。廠長説了幾句話，果然奏了效：

「我們有一千八百個身強體壯的愛爾蘭人在廠裡工作。要是我跟他們説你要把機器拿走，我不知道他們會做出什麼事來，不過我想我們倆都料想得到。聽我的勸，在你麻煩上身以前趕緊脱身吧。」

少尉聽了他的話。拿高薪的工人不會盲目地從事破壞性的革命。有些工人已經買了自用車，而多數人遲早也會有車，只是時間和稅率減不減的問題。到時候整個生活水準就會提昇，一如美國的情形。

英國的勞工大多加入工會，工人有嚴格規定，只能從事他們特長的技術。我們的企業沒有技術可言，而雖然我們並不反對工會組織，可也不跟他們打交道，因為他們對我們的管理毫無助益。我們支付的工資比任何工會普遍要求的都高，而且我們提供穩定的就業，所以沒有人來找碴。

英國的生活水準高，不過我們的工人認真工作，因此生產成本很低——沒有美國那麼低，因為這裡尚未量產，不過產量已足以顯示，管理若能調整到與高工資同步，同時不限制個人產能，英國也可以成為高工資國家，進而成為高消費國家。廠裡每個人都是福特證券的股東。

我們於一九〇七年將福特車引進法國，原本計劃在那裡設立一個裝配廠，結果一九一四年，大戰爆發了。未久我們奉令供應汽車，最開始是供應救護車種，後來供應一般用車，因此我們一九一六年在離海岸六十哩處的波爾多（譯註：Bordeaux，法國西南部一海港）開設了一家裝配廠。整整三年間，這家工廠只供戰時之需，為法國政府造出一萬一千多台的汽車，這些車大部分現在還跑得動——當然，現在是和平用途。不過這不是重點，重要的是：我們在波爾多廠依照一貫做法僱用了三百個工人，他們馬上就適應了福特的製造模式，毫無困難。現在我們在巴黎有一棟依循標準生產線建造的廠房，一天可裝配一百五十輛汽車和卡車。可想而知，法國工人的節儉成果特別不同凡響。法國工人照理說都是社會主義者，可是在我們工廠裡從來沒聽過這些事情。

一九一九年，我們在哥本哈根設立工廠，這是福特頭一次碰到規定工時、工資、工作環境之外，還把工會條例視為該國法律一部份的勞工政府。我們僱用理髮師、牧師、打鐵匠、水管工、非專技勞工——任何人來求職我們都收，然後一如各地的慣例，將他們並肩安置在機器前面。我們支付的最低工資相當於五．二五美元，有些人的薪資還整整多出一塊錢。

我們的廠長必須遵照法律，找出工廠的類別——法律規定每家工廠都得歸屬於某個類別，支付一定的薪資標準，而我們的工資遠超過一般標準。我們無法歸類；打鐵舖是最接近的類別，可是我們又不符合它的條件！而且這裡也出現同樣的情況：不是鐵匠的人由於被迫離開這麼好的工作而群起抗議。

我們在那裡設置工廠是為了服務，也確實履行了服務之責。可是如果非逼得我們符合學術上的分類不可，我們就不可能有服務的機會。

我們在比利時安特普、荷蘭鹿特丹、西班牙巴塞隆納、義大利李雅斯德港設廠的經驗，和歐洲其他地方的經驗大同小異。無論在哪裡，都找得到工人願意為福特制定的薪資效力，而且他們工作如此賣力，使得我們的生產成果比起同地區工資較低的廠家來更便宜也更好。同時，隨著工資提高，各處的生活水準也水漲船高。然而，處處也都有政府干預，把許多產品弄到工人買不起的地步。例如，福特的遊覽車在某國的售價之所以比美國定價高出兩倍半，完全是因為政府課稅的關係。這樣的重稅不但使消費為之凍結，也製造出一大堆不事生產的人。

南美各分廠在工資和進展方面也大致相同，只是這些分廠所踏入的土地多半先前只有最原始的工業，因此除了阿根廷的布宜諾斯艾利斯廠之外，我們在其他地方都得從最缺乏技術的粗工中找工人。這些南美廠分別設於智利的聖地牙哥、巴西的聖保羅和伯南布哥省（Pernambuco）；烏拉圭的蒙特維德歐（Montevideo）。在這幾個國家中，我們無法支付福特的標準工資，因為美元在這裡的購買力太高了，要是比照美國薪資支付，簡直高得離譜。我們會等這些國家步入正軌後再提高工資。

在這些才剛接觸工業的國家中支付一般工資是個很有意思的實驗，更有趣的是觀察汽車對這些國家所造成的影響。例如巴西，雖然佔了全球地表的十五分之一，而且天然資源異常豐富，卻沒有供開發之需的運輸設施。一個國家的發展端視它運輸的便捷與否，而巴西大部分地區的汽車運輸只有短短六個月，因為另外六個月內，任何強行通過的車輛對於馬路來說都是難以承受的重。

這裡的分廠成立才一年多，高工資（我們的工資因為穩定，實質價值比表面還高）已開始發生效用。工人的住屋品質還沒有多大的改變，不過他們買了更多的衣服、添購了家具，而且開始儲蓄。他們不太清楚該如何運用收入，也沒有節儉的習慣，不過並沒有因為身上的錢多於所需而辭去工作——我們原本很擔心會有這種情況。再過不久他們會有更多的需求，物質文明的過程就此開展。汽車會讓巴西成為大國。當地居民對各種機器甚至各種紀律雖然還很陌生，但很快就適應了裝配及修護的工作。看來他們學得很快——或許是因為他們體認到了學習的好理由。

東方亦然，許多方面正在慢慢覺醒，一如前一章所說，我們底特律的職訓學校中，誰都比不上印度和中國的學生來得認真。這些學生知道，拯救他們祖國的唯一途徑就是引進能源，以期建立起國內的消費市場。他們憎恨外資的剝削，要他們出賣勞力卻不足以溫飽，當然熱切地想自己學習。我們只有靠建立現代的工業機構來幫助這些東方國家，因為這些機構會透過高工資創造出自己的市場。到處都在修建道路，而汽車是現代道路最大的根源——擁有良好道路的不二法門，是先有自己的汽車；汽車使得馬路出現，而不是好馬路帶來汽車。大家總是說，印度的階級制度是該國發展無可克服的路障，可是我們學校裡各種階級的印度人都有，他們並肩工作，顯然忘了有階級這回事。他們回到印度之後會怎麼做是另一回事，可是如果他們能夠在為我們效力之際忘掉階級，那麼階級制度的力量就不如表面上那麼強大。

而這些工作上的瑣碎細節有什麼要緊呢？它們完全談不上是功勳彪炳。科克郡的工人過去頸上綁手帕，現在打領結，對於那些還在受苦受難的人類有什麼差別呢？從手帕到領結，只是一個象徵，可是它是個重要的象徵。它代表一個人在製造方面有協助的功勞——由於他的從旁協助，某些東西得以問世，而使得這個地球更加富有，雖然只是一點一滴。政治行為沒有建設的能力；它只會啟動毀滅，或是試圖讓事物保持原狀，而這也是一種慢性毀滅的過程，因為生活是不可能靜止不動的。

當今這個世界最需要的，是減幾個狂熱的外交家和政客，多幾個將頸項間的手帕換成領結的人。

第二十四章
爲什麼不？

這本書始終繞著物質——繞著供應人類物質需求的話題打轉。古往今來，人類不斷追求健康、財富、快樂。但健康本身不會帶來財富，而有了健康或財富甚或兩者之後，快樂也不見得接踵而來。快樂是因人而異的，可是無論快樂代表什麼、不代表什麼，可以確定的是：快樂的源頭多半來自健康和財富，很少是源自於疾病和貧窮。

一般人都會同意，如果說文明有任何意義，它的意義應該是：無分男女老幼，世界上的每個人起碼要有機會讓自己衣食無缺、有像樣的居所，而如果個人有所長，當可得到更多的物質。除非做到了這一步，否則我們可以說，文明是失敗的。只要有人願意像個人一樣的生活卻苦無機會，那麼不管書上怎麼寫，不管興建多少大樓、創造了多少藝術作品，全都無關痛癢。

這個世界一直飽受貧窮之苦。有時候苦到極點，大家就乾脆視貧窮為美德，說他們以貧窮為傲。於是，脫離貧窮唯一的途徑不是藉由宗教上對天堂的承諾，說你的憂傷會在那裡得到終止，就是寄託在各種思想錯誤或是思想似通非通的共產理論上。然而這些並不能保證為你帶來財富，卻保證會為人人帶來同等的悲慘。訓練有素的思想家始終迴避世界的這個大哉問。確實，無論什麼事情，只要和貨品的實際供應有關——只要讓那些所謂的「普通人」更容易擁有更多的物資——，都會被冠上重商主義的罪名。高談紓窮解困很光榮，可是只要具體去做，就成了鄙行一樁。

直到現在，我們才慢慢領悟，任何目的不在於造福「普通人」的學問都是不值一顧的。例如科學、宗教、哲學，如果你說其中一種比其他兩種更接近現實，這話其實了無意義，因為三者都與現實相關。真相不單只有一個面向。科學不限於物質層面，宗教也不限於精神層面。所謂物質和精神，不過是我們藉以區隔兩者的詞彙，其實兩者有可能毫無分別。可是所有的科學和哲學，宗教或多或少也是，對於涉及麵包奶油之類一切尋常事物的物質主義，都保持著敬鬼神而遠之的清高姿態。

工業時代的到來雖然迅速增加了實際財富，卻造成了財富分配不均的新難題；它一方面使有錢人更有錢，但剛開始卻使得窮人更加窮困。利用能源和機械，產量遠比手工製造來得大，可是能源和機器的使命是要打造一個新世界，實業家卻沒有這種觀念。他們沿襲了手工生產時代的舊思維，事實上，許多人至今依舊如此。連改革家的思想都不脫同樣的窠臼。那是個舌燦蓮花的黃金時代——將剝削的殘酷事實以甜言蜜語粉飾過去，而我們的經濟、社會觀念多半起始於那個時代。當時大家開口閉口談「好老闆」、「壞老闆」，老闆的性情好壞在在影響到員工的福利多寡。每個人想到老闆，只想到一個「給」你工作的人，別無其他意義；長久以來没有任何人想到，員工之於雇主固然不可或缺，雇主對員工亦然，而且這種脣齒相依的關係並不是感情上的。要是哪個製造商膽敢冒險匡正因生產而生的惡行，就會被譏貶為「博愛慈善家」——這個名詞的涵義，已經變成年老力衰、自以為是的老紳士，處處散播嗟來食給那些缺乏自尊而不會拒絕的人。

大家好談民主，而且總愛將它和自由相提並論，可是只要自治——照理說和民主、自由的意義相同——的機會一到手，就立即以其他名目進行獨裁專制。他們期望以法規來治理國家，認為管制可以取代個人領導，還認為工業這種新玩意兒需要管制，事實上，那時候的工業尚未找到一己的功能，而它需要自由才能找到。今天我們的法律疊床架屋——有如荒煙漫草般的各種法令規章——，並不表示人民的權利和自由有所增加。毫無疑問，如果人類的品德有所進益，同時經濟自由（非指不受經濟法令的管制，而是指在經濟生活上有抉擇的自由）的需求得到肯定，人類的自由會得到很大的擴張。不過我們一天比一天更清楚，雖然任何人都可以制定法律，但是唯有智者才能制定出以基本權益為根基的法律。法令往往會阻滯進步，因為進步本身會導致某些調整，可是大眾一旦面對調整（即使是邁向進步的調整），腳步就自然而然往後躲。

而可怪的是，法令無論以什麼樣的型態呈現，似乎都有辦法一反它所擁抱的初衷，變得反其道而行。設定關稅的目的最初是為了保障勞工的工作權，使國家得以自立自強，到頭來卻造就了許多無競爭能力的托辣斯，令人汗顏。關稅從阻擋傷害的籬笆變成了柵欄，將公平競爭的好處阻擋在外。原則當中雖然包含了許多誠實的智慧，可是施行起來便成了壓制。

因描繪美好遠景而通過，可是一旦通過就被私人利益左右而罔顧公眾權益的法令，無論誰都可以列出一大堆。

可是正當我們不斷摸索前進，正當大家都說政府施政一敗塗地（說的没錯）之際，那些起而行多於坐而言的人也正在認真工作，而且獲得了極大的成果——他們發現了能源和機器的真實意義，知道能源和機器的問世是為了解救人類而非奴役人類，也了解到其中涉及一種積極進取而不光是消極退縮的新道德觀。

一個人無論是製造肥皂、留聲機、汽車、瓦斯還是辦雜誌，如果他說：「我要竭盡所能做出最好的東西；品質永遠一致，供應永遠無虞，永遠令人滿意，使得大家除了我的產品外，不會想用其他品牌。」

你會說這人是在闡釋他的道德觀嗎？不會，你會說，這話只表示這人有健全的生意觀念。然而，它就是一種道德觀。

要是這個人說：「我要製造一種肥皂，讓每個顧客都上當而受到傷害」，我們不會費事去思考他的道德觀。我們很清楚，這人腦筋有問題。

道德觀就是以最佳方式做好正確的事；它是將宏觀及遠見應用在生活上。因為我們的所作所為並不是為了製造這個製造那個；我們是在營造生活，在創造生活的機會，創造生活的條件。而測量我們道德的尺度就是測量我們智慧的尺度——我們做得到底有多好？

我們不妨以看待肥皂的眼光來看待生活：「我們要為所有的人創造最好的生活條件、無窮的機會——創造一種讓大眾樂在其中的生活。」這才是將正確的觀念應用在生活上。

所謂「道德」的好處，在於它是自然發生的；它代表我們應有的生活方式（如果有生活方式這回事的話）。人性本善，道德觀本是良好管理的一部份。一位好的管理者或許不喜歡拿這個字眼來形容他的工作，他可能反唇相識，說這只不過是常識。可是這就是道德——一種平凡而踏實，順其自然而發展的生活。

投注心力於造福全民，而非為少數人服務，就是這種道德觀社會效應的表現。我們說「服務精神」，這個名詞聽來有如一種理想。其實服務精神只是一種認知，知道任何人、任何工業、任何政府、任何文明制度如果不持續為最廣大的群眾服務，都不可能存活。一個人對於某樣事物的興趣，只在於他從這樣東西能得到什麼樣的服務，或是能付出什麼樣的服務。身為具有創造力的正常人，我們唯有藉由工作貢獻服務才會得到滿足；身為某個文明或某個政府的一份子，唯有測量它所帶給我們的服務，才能讓我們滿足。

而這種服務並不是要求做到利他主義。它只要求以憬悟取代懵懂。利他主義會阻遏進步；它堅持要做到當前不可能做到的事，反而形成當前能做到的事的路障。舉例來說，失業保險和老年退休金使得老來貧窮和失業的機率更高，因為它使得日用品的售價增加，這個額外負擔使得消費受限，繼而侷限了生產規模，等於將不受限制下的量產利益阻擋在外。

不過有一點我們必須認清的是：除了認真工作，貧窮別無其他出路。這個世界什麼藥方都試過，就是漏了工作這一項。而世上最艱難的工作就是管理。如果工商業由懂得工業的人來管理，所謂的「經濟」問題泰半都可迎刃而解。那些專家、學者、坐在安樂椅上的思想家老是閉門造車，憑空杜撰經濟謎團。挖水溝的人做不來外科醫生的工作，這在經濟上哪有什麼奧秘難解之處。要純粹的金錢掮客盡全力去管理有生產力的企業，同樣也是亂搞。

「勞工問題」多半是由對勞工欠缺直接了解的管理者所造成的。這些通常應該叫做「老闆問題」的問題，只要換個新的管理者——一個深諳職責，不必工會代表或任何人告訴他該怎麼做的人——便可得到一勞永逸的解決。那些得由外人告訴自己該如何辦事的人最好趕緊轉業，才是最佳的服務之道。

不但勞工問題如此，工業界無法跟上進步的腳步、無法讓服務更上層樓，也來自同一個病源。企業存在的目的，是製造大眾可以運用的東西。可是如果找那些對廠務一無所知的人來管理企業，他們的興趣僅止於資產負債表，那麼營利數字就會成為企業的主要產品。整個圖書館汗牛充棟的文章書籍中所描述的經濟狀況，就是這麼發生的。那些人根本不懂經濟。企業本身沒有什麼東西會產生失敗；是那些帶著特殊觀點、準備不週而進入企業的人帶來了失敗。企業永遠不會失敗，只有人會。而要進入企業的堂奧，必須經過工作這道門。

有時候有人問我，自己創業好還是受僱於人好。受僱於人的好處不亞於自創事業，不過箇中道理沒有幾個人明白。受僱於人所達到的生涯境界，是自創事業者每每追尋卻常常無法達到的。當今企業的成長茁壯使得受僱員工得到一種連五十年前的創業者都無法比擬的風光地位。很多文章大讚舊制度下的工人多麼自由，根本是胡說八道；舊時的公會制度完全沒有那麼理想。

無論是雇主還是勞工，那種制度下的集體管制和壓制性的傳統都是沉沉壓在身上，對個人或整個社會繁榮來說，都難以產生滿足。

而受僱於現代工業的人，在創作方面得到的由衷鼓勵不但前所未有，創作的範圍也是空前的寬廣。舉設計界的例子來說。往昔的工商業留給我們的最佳遺物就是它的設計，可是自從工業的服務範疇擴大、對個人的努力鼓勵有加之後，設計的天地已經有了無限的擴張。過去可以自由自在放手工作的設計師屈指可數，現在何止成千上百。而且即使某些現代設計並不算好，也不能說所有的舊設計都好——有些還真差。而就算所有的現代設計都很差，自己設計總比卑顏屈膝、了無新意地抄襲上一代的設計要好。

現在的我們進入了一種空前的自由境界——我們知道，自己可以讓生活中擁有的必然成為偶然。在福特工廠，我們發現一星期工作五天就足以因應生產之所需，而且每天八小時、每週五天的產能比一週六七天、每天十小時還要多。這多出的一天餘暇會帶來更大的成果，因為大家會更懂得生活，會有時間去擴展一己的需求，進而增加消費。

只要服務精神——亦即工資動機——的風氣鼎盛，這個世界就可以得到它想要的物質。可是我們必須在這種精神上做些轉變。死氣沉沉的保守主義或狂放不羈的激進主義已成過往，現在我們需要的是一個楬櫫新的保守主義的政府，不再保證人民不必工作就活得下去，不保證每個人都有洋房別墅，也不把做得比別人優秀的人視為眼中釘。它的眼中釘會是那些鼓勵浪費、毫無效率、限制生產、限制工資、限制機會、限制工業發展、限制競爭的團體，或是任何奠基於階級自私的制度。而它的施政會一視同仁地及於天下眾生，無論是一天不工作的人還是在關稅保護下逃避競爭的人。

新的保守主義會明白，立法本身不會帶來經濟榮景，只能用於清除路障。民眾不會再被法律會帶來繁榮的承諾所愚弄。如果民眾相信公平競爭無論在哪裡都該成為首要規則，法律能做的，就是給予這種信念正當的地位和肯定。

我們並不是活在一個工業擴張的年代，這種說法並沒有掌握到事實。這是有史以來頭一次，各種族群如果真心希望一己的需求得到供應，都有可能如願——我們就活在這樣一個年代。我們也並非活在機器年代。我們活在一個能夠利用能源和機器為公眾服務的年代——經由私人獲利的方式。

可是未來呢？我們會不會生產過剩呢？我們會不會落到一種機器威力無遠弗屆，而人類無足輕重的地步呢？

未來誰也不敢說，我們不必為它煩惱。未來總有辦法照顧自己，即使我們出於善意，試圖去阻止它到來。只要今天我們把該做的事情做到最好，就是盡了該盡的力。

或許我們會有生產過剩的一天，可是除非全世界都得到了它所冀求的東西，否則這一天不可能來到。而萬一那一天真的到來，我們自當心滿意足。

福特大事紀

一八六三　亨利・福特於密西根州第爾本市（Dearborn）附近一農莊出生。

一八八七　與一位農夫之女克蕾拉・布萊恩（Clara Bryant）成婚。

一八九三　獨子艾德索出世。

一九〇三　福特汽車公司成立。

一九一三　福特位於高地園（Highland Park）的廠房設置了第一部活動裝配線。

一九一三　以三班連續八小時的輪班制度取代每日兩班制九小時的制度，並將薪資增至前所未有之高：日薪美金五元。

一九一八　胭脂河（River Rouge）車廠開工，當時是全世界最大的工業中心。該廠迄今依舊生產汽車。

一九一九　美國售出的汽車中，每三部就有一部是福特T型車。亨利・福特將公司總裁寶座移交給兒子艾德索。

一九二〇　福特汽車裝設了第一台鼓風爐，開始在胭脂河工廠冶鋼自用。

一九二一　第五百萬部福特T型車製造出廠，存放於第爾本的亨利・福特紀念館以資留念。

一九二四　第一千萬部福特車於生產線上出爐。

一九二七　第一千五百萬部，也是最後一部福特T型車出廠。新款A型車的製造設備裝配完成後，胭脂河車廠也告銷聲匿跡。

一九三二　五百萬輛A型車奔馳於美國大小公路上。

一八三六　福特基金會成立，到了五十年代之初，已成為美國最大的基金會，總值超過十億美元。

一九四二—一九四六　柳奔（Willow Run）工廠重新裝配設備，以製造八千多架四引擎重型轟炸機供戰爭之用。

一九四三　艾德索在眾人始料未及下逝世，得年四十九。亨利・福特重掌總裁一職，為十四萬名員工掌舵。

一九四五　亨利・福特二世，亦即艾德索之長子，接任福特總裁，在他領導之下，福特公司邁入了盛極一時的戰後復興之路。

一九四七　亨利・福特於自宅內逝世，享年八十三。

一九五五　福特汽車公司股票公開上市。

一九七九　亨利・福特二世退休。

一九八八　福特名列全球第四大企業，也是全世界最大的家族企業，家族成員握有的股權超過百分之四十。

世紀的展望：亨利・福特生產管理的前瞻觀點／亨
利・福特(Henry Ford)著；席玉蘋譯. -- 初版.
-- 臺北市 ：臺灣商務, 2001[民 90]
面 ； 公分. -- (Open ; 1:24)

譯自：Today and tomorrow
ISBN 957-05-1689-5(平裝)

1. 福特汽車公司(Ford Motor company) - 管理
2. 企業管理

447.19 89019338

廣告回信
台灣北區郵政管理局登記證
第6540號

100臺北市重慶南路一段37號

臺灣商務印書館 收

對摺寄回，謝謝！

OPEN

當新的世紀開啓時，我們許以開闊

OPEN系列／讀者回函卡

感謝您對本館的支持，為加強對您的服務，請填妥此卡，免付郵資寄回，可隨時收到本館最新出版訊息，及享受各種優惠。

姓名：＿＿＿＿＿＿＿＿＿＿＿＿＿＿ 性別：□男 □女

出生日期：＿＿＿年＿＿＿月＿＿＿日

職業：□學生 □公務（含軍警） □家管 □服務 □金融 □製造
□資訊 □大眾傳播 □自由業 □農漁牧 □退休 □其他

學歷：□高中以下（含高中） □大專 □研究所（含以上）

地址：＿＿＿＿＿＿＿＿＿＿＿＿＿＿＿＿＿＿＿＿＿＿

＿＿＿＿＿＿＿＿＿＿＿＿＿＿＿＿＿＿＿＿＿＿

電話：（H）＿＿＿＿＿＿＿＿＿＿（O）＿＿＿＿＿＿＿＿＿＿

購買書名：＿＿＿＿＿＿＿＿＿＿＿＿＿＿＿＿＿＿＿＿

您從何處得知本書？

□書店 □報紙廣告 □報紙專欄 □雜誌廣告 □DM廣告
□傳單 □親友介紹 □電視廣播 □其他

您對本書的意見？（A/滿意 B/尚可 C/需改進）

內容＿＿＿＿ 編輯＿＿＿＿ 校對＿＿＿＿ 翻譯＿＿＿＿
封面設計＿＿＿＿ 價格＿＿＿＿ 其他＿＿＿＿＿＿＿＿

您的建議：

＿＿＿＿＿＿＿＿＿＿＿＿＿＿＿＿＿＿＿＿＿＿

＿＿＿＿＿＿＿＿＿＿＿＿＿＿＿＿＿＿＿＿＿＿

＿＿＿＿＿＿＿＿＿＿＿＿＿＿＿＿＿＿＿＿＿＿

臺灣商務印書館

台北市重慶南路一段三十七號　電話：（02）23116118・23115538
讀者服務專線：080056196　傳真：（02）23710274
郵撥：0000165-1號　E-mail：cptw@ms12.hinet.net